新编高等学校计算机公共课教材

# 计算机应用能力训练练习册

李黎明　主编

電子工業出版社

Publishing House of Electronics Industry

北京·BEIJING

## 内容简介

本书是与《计算机应用能力案例教程》配套的练习册，分为5个部分：操作系统资源管理、网上冲浪、文字处理、表格处理及PowerPoint 2007。各部分主要由7个模块构成，其中单选题、多选题、填空题及判断题主要注重于考查学生对每个能力部分所涉及的知识点的认识与理解，扩充了主教材的相关内容。实践应用、自我测试和教师测试则参照主教材的章节编写，精心挑选实践内容，注重对学生的实际动手能力的培养，主要包括Windows 7、Word 2007、Excel 2007、PowerPoint 2007及Internet的使用等相关的实践内容。在实践应用中提供了各个实践项目的操作步骤或操作要点，介绍了与该实践项目相关的操作技巧，同时附有实践操作的结果。

本练习册可以为参加"全国高校非计算机专业计算机应用水平等级考试"的考生提供一级考试的考前训练，也可供从事计算机应用与信息技术的工程人员以及参加各类计算机相关考试的人员参考使用。



**图书在版编目（CIP）数据**

计算机应用能力训练练习册/李黎明主编. —北京：电子工业出版社，2011.8
新编高等学校计算机公共课教材
ISBN 978-7-121-13953-6

Ⅰ. ①计… Ⅱ. ①李… 电子计算机－高等学校－习题集 Ⅳ. ①TP3-44

中国版本图书馆CIP数据核字（2011）第129717号

策划编辑：王昭松
责任编辑：郝黎明
印　刷：
装　订：北京京师印务有限公司
出版发行：电子工业出版社
北京市海淀区万寿路173信箱　邮编　100036
开　本：787×1092　1/16　印张：9　字数：230.4千字
印　次：2011年8月第1次印刷
印　数：4 000册　定价：15.00元

凡所购买电子工业出版社图书有缺损问题，请向购买书店调换。若书店售缺，请与本社发行部联系，联系及邮购电话：（010）88254888。

质量投诉请发邮件至 zlts@phei.com.cn，盗版侵权举报请发邮件至 dbqq@phei.com.cn。

服务热线：（010）88258888

# 前 言

随着中小学信息技术教育的普及，计算机文化基础层次的教学内容将会逐步下移。高职学生入学时绝大部分已经具备一定的计算机知识和技能；同时，高职学院的毕业生主要在企事业单位第一线从事具体的工作，用人单位对于计算机技能的要求比较高，所以，《计算机应用能力训练》教学改革的指导思想应该是理论、概念与操作技能相结合，强化高级、综合性应用技能的训练。在此基础上，强调理解技能背后隐含的计算机原理，培养学生的信息素质，使得学生在以后的学习、工作岗位上具备应用计算机解决实际问题的综合能力。

本书是与《计算机应用能力案例教程》配套的练习册，分为 5 个部分：操作系统资源管理、网上冲浪、文字处理、表格处理及 PowerPoint 2007。《计算机应用能力训练》课程与一般的课程不同，其原理性与实践性都很强，只有在掌握其基本概念和基本工作原理的基础上，再通过一定的实践才能真正学好。因此，本练习册在选择各部分的习题时，主要根据该部分所涉及内容的特点进行选择。同时，为了达到考查基本原理和应用技术的目的，作者参考了很多有关计算机应用能力（包括原理和应用技术）的教材和文献资料，同时也参考了大量与计算机应用能力相关的各类考试的试题，并从中精选、整理出一些典型的习题。

作为一本集习题与实践应用为一体的练习册，作者力求通过学生对其中各部分的应用能力的训练，深化学生对计算机应用能力中的基本概念、工作原理和关键技术的理解，同时提高分析、处理、解决计算机应用问题的思路和能力。按照这种思路，本练习册每部分都由以下 7 个基本部分组成：单选题、多选题、填空题、判断题、实践应用、自我测试与教师测试。其中，单选题、多选题、填空题、判断题 4 个部分注重于考查学生对每个能力部分所涉及的知识点的认识与理解；实践应用项目主要由实践要求、实践目标效果示意图组成，学生在实践过程中可以通过本书解决疑问，意在使学生能够逐渐掌握处理、解决计算机应用中的各种问题的思路与方法。为此，本练习册在实践内容的选择、实践步骤的设计和实践文档的组织等诸方面都做了精心的考虑和安排；自我测试则是学生自己对自己的评价，达到“知不足而后学”的目的，方便师生交流对学科知识、实验内容的理解与体会；最后通过教师测试对学生的应用能力做出一个全面客观的评价，方便老师对学生实验成绩的记录与管理。

编写本练习册另一个指导思想是，为参加“全国高校非计算机专业计算机应用水平等级考试”的考生提供一级考试的考前训练题。也可供从事计算机应用与信息技术的工程人员以及参加各类计算机相关考试的人员学习参考。

由于编者水平所限，不足与疏漏之处在所难免。为便于以后教材的修订，敬请读者不吝指正并多提宝贵意见，以帮助我们今后进一步的改进和完善此书。

# 目　录


第一部分　操作系统资源管理 …… 1
　一、单选题 …… 1
　二、多选题 …… 10
　三、填空题 …… 12
　四、判断题 …… 13
　五、实践应用 …… 15
　六、自我测试 …… 16
　七、教师测试 …… 18
第二部分　网上冲浪 …… 20
　一、单选题 …… 20
　二、多选题 …… 27
　三、填空题 …… 28
　四、判断题 …… 30
　五、实践应用 …… 30
第三部分　文字处理 …… 32
　一、单选题 …… 32
　二、多选题 …… 40
　三、填空题 …… 44
　四、判断题 …… 46
　五、实践应用 …… 47
　六、自我测试 …… 62
　七、教师测试 …… 65
第四部分　表格处理 …… 68
　一、单选题 …… 68
　二、多选题 …… 75
　三、填空题 …… 78
　四、判断题 …… 79
　五、实践应用 …… 82
　六、自我测试 …… 109
　七、教师测试 …… 110
第五部分　PowerPoint 2007 …… 114
　一、单选题 …… 114
　二、多选题 …… 118

三、填空题 ………………………………………… 120
四、判断题 ………………………………………… 121
五、实践应用 ………………………………………… 122
六、自我测试 ………………………………………… 126
七、教师测试 ………………………………………… 128
参考答案 ………………………………………… 130
第一部分　操作系统资源管理 ………………………………………… 130
第二部分　网上冲浪 ………………………………………… 131
第三部分　文字处理 ………………………………………… 133
第四部分　表格处理 ………………………………………… 134
第五部分　PowerPoint 2007 ………………………………………… 136

# 第一部分　操作系统资源管理

## 一、单选题

1．软件通常被分成系统软件和_______两大类。

A．高级软件　　B．应用软件　　C．计算机软件　　D．通用软件

2．在计算机系统中，操作系统的主要作用不包括_______。

A．提高系统资源的利用率　　B．提供友好的用户界面

C．预防和消除计算机病毒的侵害　　D．提供软件的开发与运行环境

3．中文的操作系统是_______。

A．单用户单任务系统　　B．多用户单任务系统

C．多用户多任务系统　　D．单用户多任务系统

4．中文 Windows 的“桌面”指的是_______。

A．整个屏幕　　B．某个窗口

C．全部窗口　　D．活动窗口

5．Windows 系统安装并启动后，由系统安排在桌面上的图标是_______。

A．资源管理器　　B．回收站

C．Microsoft Word　　D．Microsoft FoxPro

6．Windows 的用户不可以通过“开始”菜单直接实现对系统的管理有_______。

A．查找对象　　B．运行

C．删除程序　　D．关闭系统

7．Windows 窗口提供了联机帮助的功能，按下快捷键_______，可以查看与该窗口有关的帮助信息。

A.【F1】　　B.【F2】　　C.【F3】　　D.【F4】

8．_______选定后，没有操作时，任务栏会自动地隐藏起。

A.“分栏相似任务按钮”复选框

B.“将任务栏保持在其他窗口的前端”复选框

C.“显示快速启动”复选框

D.“自动隐藏任务框”复选框

9．正确关闭中文 Windows 操作系统的方法是_______。

A．单击“开始”按钮后再操作　　B．关闭电源

C．按 Reset 开关　　D．按【Ctrl+Alt+Del】组合键

10．在 Windows 中，若系统长时间不响应用户的要求，为了结束该任务，应使用的组合

键是______。

A.【Shift+Esc+Tab】 B.【Ctrl+Shift+Enter】
C.【Alt+Shift+Enter】 D.【Alt+Ctrl+Del】

11．下列方法中不能关闭应用程序的是______。
A．单击“任务栏”上的“关闭窗口”按钮 B．利用快捷键【Alt+F4】
C．双击窗口左上角的控制图标 D．选择“文件”→“退出”命令

12．在 Windows 中，实现窗口移动的操作是______。
A．将鼠标指针向菜单栏，拖动鼠标
B．将鼠标指针向边框，拖动鼠标
C．将鼠标指针向标题栏，拖动鼠标
D．将鼠标指针向任何位置，拖动鼠标

13．在 Windows 窗口中，标题栏右侧的“最大化”、“最小化”、“还原”和“关闭”按钮不可能同时出现的两个按钮是______。
A．“最大化”和“最小化” B．“最小化”和“还原”
C．“最大化”和“还原” D．“最小化”和“关闭”

14．中文 Windows 操作系统中窗口与对话框的区别是______。
A．二者都能改变大小，但对话框不能移动
B．对话框既不能移动，也不能改变大小
C．二者都能移动和改变大小
D．二者都能移动，但对话框不能改变大小

15．在 Windows 中，有的对话框右上角有“？”按钮，它的功能是______。
A．关闭对话框 B．获取帮助信息
C．便于用户输入问号（?） D．将对话框最小化

16．下列关于 Windows 的对话框的叙述中，错误的是______。
A．对话框是提供给用户与计算机对话的界面
B．对话框的位置可以移动，但大小不能改变
C．对话框的位置和大小都不能改变
D．对话框中可能会出现滚动条

17．当一个窗口被最小化后，该应用程序将______。
A．被关闭 B．没关闭 C．没变化 D．找不到了

18．当一个窗口被最小化后，该窗口______。
A．被终止执行 B．继续在前台执行
C．被暂停执行 D．被转入后台执行

19．在 Windows 环境中，屏幕上可以同时打开若干个窗口，但是______。
A．其中只能有一个是当前活动窗口，它的图标在标题栏上的颜色与众不同
B．其中只能有一个在工作，其余都不能工作
C．它们都不能工作，只有留下一个其余都关闭才能工作
D．它们都不能工作，只有留下一个窗口其余都最小化后才能工作

20．在 Windows 环境中，当启动（运行）一个程序时就打开一个应用程序窗口，关闭运

行程序的窗口，就是______。

A．程序的运行转入后台运行工作

B．暂时中断该程序的运行，但随时可以由用户加以恢复

C．结束该程序的运行

D．该程序的运行仍然继续，不受影响

21．在 Windows 中，“任务栏”______。

A．只能改变位置不能改变大小

B．只能改变大小不能改变位置

C．既不能改变位置也不能改变大小

D．既能改变位置也能改变大小

22．用鼠标______桌面上的图标，可以直接把它的窗口打开。

A．左键单击　　B．左键双击　　C．右键单击　　D．右键双击

23．快捷键是用鼠标______目标调出的。

A．左键单击　　B．左键双击　　C．右键单击　　D．右键双击

24．利用窗口中左上角的控制菜单图标不能实现的操作是______。

A．最大化窗口　　B．打开窗口　　C．移动窗口　　D．最小化窗口

25．在 Windows 中，所有打开的窗口和程序都以按钮的形式列在______。

A．“开始”菜单中　　B．桌面上　　C．“我的电脑”中　　D．“任务栏”中

26．在 Windows 中，窗口的排列方式有 3 种，其中______不是这 3 种窗口的排列方式之一。

A．横向平铺　　B．前后平铺　　C．层叠　　D．纵向平铺

27．“平铺”的命令功能将使窗口______。

A．顺序编码　　B．层层嵌套　　C．折叠起来　　D．并列排列

28．在 Windows 中，与鼠标操作无关的是______。

A．单击　　B．拖放　　C．关闭　　D．双击

29．当鼠标位于窗口边界且形状为水平双向箭头时，可以实现的操作是______。

A．改变窗口的横向尺寸　　B．移动窗口的位置

C．改变窗口的纵向尺寸　　D．在窗口中插入文本

30．在 Windows 默认方式下，如果桌面或窗口中出现漏斗状的鼠标，说明______。

A．系统出现错误

B．系统忙，用户不能进行其他操作

C．系统要求用户施加某种操作

D．计算机死机

31．在 Windows 中，打开一个菜单后，其中某菜单项会弹出与之对应的级联菜单的标识是______。

A．菜单项右侧有一组英文提示　　B．菜单项右侧有一个黑色三角

C．菜单项左侧有一个黑色圆点　　D．菜单项左侧有一个“√”号

32．在下拉菜单中的各个操作命令项中，有一类命令项的右面标有省略号“…”，这类命令项的执行特点是______。

A．被选中执行时会要求用户加以确认　　B．被选中执行时会弹出子菜单

C．被选中执行时会弹出对话框　　D．当前情况下不能执行

33．在 Windows 中，文字呈灰色的菜单命令是______的菜单命令。

A．可以调出对话框　　B．正在使用

C．具有下拉菜单　　D．当前不能操作

34．打开程序菜单的下拉菜单，可以用______键和各菜单名旁带下画线的字母组合。

A．【Alt】　　B．【Ctrl】　　C．【Shift】　　D．【Ctrl +Shift】

35．在对话框中，复选框指在所列的选项中______。

A．仅选一项　　B．可以选多项

C．必须选多项　　D．必须选全部项

36．激活窗口控制菜单的方法是______。

A．单击窗口左上角的控制图标　　B．双击窗口左上角的控制图标

C．单击窗口标题栏中的应用程序名称　　D．双击窗口标题栏中的应用程序名称

37．在 Windows 中可以进行文件和文件夹管理的是______。

A．“我的电脑”和“控制面板”　　B．“资源管理器”和“控制面板”

C．“我的电脑”和“资源管理器”　　D．“控制面板”和“开始”菜单

38．在 Windows 中，关于“资源管理器”窗口的描述，不正确的是______。

A．“资源管理器”窗口的标题栏中的名称可以改变

B．“资源管理器”窗口底部的状态栏是不可隐去的

C．“资源管理器”窗口的显示方式可以进行调节

D．“资源管理器”窗口的右边用于显示当前文件夹中的文件或子文件夹

39．在 Windows 的“资源管理器”窗口中，为了查看某个被选择的文件夹所占有的磁盘空间大小，应进行的操作为______。

A．列出该文件夹中所有的文件，再将各文件的字节数相加

B．选择“文件”→“属性”命令

C．打开“控制面板”窗口，双击其中的“系统”图标

D．选择“查看”→“详细资料”命令

40．在 Windows 某些窗口中，在隐藏工具栏的状态下，若要完成剪切/复制/粘贴功能，可以______。

A．通过“查看”菜单中的“剪切”/“复制”/“粘贴”命令

B．通过“文件”菜单中的“剪切”/“复制”/“粘贴”命令

C．通过“编辑”菜单中的“剪切”/“复制”/“粘贴”命令

D．通过“帮助”菜单中的“剪切”/“复制”/“粘贴”命令

41．在中文 Windows 的“资源管理器”窗口中，要选择多个相邻的文件以便对其进行某些操作（如复制、移动），选择文件的方法为______。

A．用鼠标逐个单击各文件图标

B．用鼠标单击第一个文件图标，再用右键逐个单击其余各文件图标

C．用鼠标单击第一个文件图标，在按【Ctrl】键的同时单击最后一个文件图标

D．用鼠标单击第一个文件图标，在按【Shift】键的同时单击最后一个文件图标

42．在 Windows “资源管理器”窗口中，利用“编辑”菜单下的“全部选定”命令可以一次选择所有的文件，如果要删除其中几个文件，应进行的操作是_______。

A．用鼠标左键依次单击各个要删除的文件

B．按住【Ctrl】键，用鼠标左键依次单击各个要删除的文件

C．按住【Shift】键，用鼠标左键依次单击各个要删除的文件

D．用鼠标右键依次单击各个要删除的文件

43. 在 Windows 中，要在指定的位置上创建一个新文件夹，下列叙述中正确的是_______。

A．在“资源管理器”窗口的“文件”菜单中使用“文件夹”菜单项

B．在“资源管理器”窗口的“文件”菜单中使用“新建”菜单项

C．在“我的电脑”窗口的“文件”菜单中使用“重命名”菜单项

D．在“我的电脑”窗口的“编辑”菜单中使用“新建”菜单项

44．在 Windows 中，下列对“剪切”操作的叙述正确的是_______。

A．“剪切”操作的结果是将选定的信息移动到“剪贴板”中

B．“剪切”操作的结果是将选定的信息复制到“剪贴板”中

C．可以对选定的同一信息进行多次“粘贴”操作

D．“剪切”操作后必须进行“粘贴”操作

45．按住_______键，再依次单击想要选中的文件或文件夹，就可以选定多个不连续文件或文件夹。

A．【Alt】　B．【Ctrl】　C．【Shift】　D．【Delete】

46．在资源管理器的左窗格中的文件夹图标上，“+”号表示_______。

A．是一个可执行的程序　B．一定是空文件夹

C．该文件夹有子文件夹没有展开　D．一定是根目录

47．在“资源管理器”窗口中，若希望显示文件的名称、类型、大小等信息，则应该选择“查看”菜单中的_______命令。

A．“列表”　B．“详细资料”　C．“大图标”　D．“小图标”

48．在 Windows 窗口中，“查看”菜单可以提供不同的显示方式，下列选项中不可以实现的是_______。

A．按日期显示　B．按文件类型显示

C．按文件大小显示　D．按文件创建者名称显示

49．以下方式中不是查看文件和文件夹的是_______。

A．“缩略图”　B．“列表”

C．“平铺”　D．“简略信息”

50．用鼠标拖动的方法复制一个目标时，一般是按住_______，同时用左键拖动。

A．【Ctrl】键　B．【Alt】键　C．【Shift】键　D．【Insert】键

51．选定要删除的文件，然后按_______，即可删除文件。

A．【Alt】键　B．【Ctrl】键　C．【Shift】键　D．【Delete】键

52．文件夹中不可存放_______。

A．文件　B．多个文件　C．字符　D．文件夹

53．在 Windows 中，为了改变“任务栏”的位置，应该_______。

A．在“任务栏属性”对话框中进行设置
B．用鼠标左键单击“任务栏”空白处并拖放
C．用鼠标右键单击“任务栏”空白处并拖放
D．用鼠标左键单击“任务栏”上任一个图标并拖放

54．在 Windows 中，各应用程序之间的信息交换是通过_______。
A．记事本　B．剪贴板　C．画图　D．写字板

55．在资源管理器中，为文件更名的操作是_______。
A．单击文件名，直接键入新的文件名后按回车键
B．双击文件名，直接键入新的文件名后单击“确定”按钮
C．单击两次文件名，直接键入新的文件名后按回车键
D．单击两次文件名，直接键入新的文件名后单击“确定”按钮

56．在 Windows 中默认环境下，下列操作中与剪贴板无关的是_______。
A．剪切　B．复制　C．粘贴　D．删除

57．在 Windows 中，若在某一文档中连续进行了多次复制操作，关机后再次启动 Windows 系统后，“剪贴板”中的内容是_______。
A．空白　B．所有复制过的内容
C．最后一次复制的内容　D．第一次复制的内容

58．下列关于剪贴板的描述中，_______是错误的。
A．凡是有“剪贴”和“复制”命令的地方，都可以把信息送入剪贴板
B．剪贴板中的信息超过一定的数量时，会自动清空，以便产生内存空间
C．按下【Alt+PrintScreen】组合键，都会将信息送入剪贴板
D．剪贴板中的信息可以在磁盘文件中长期保存

59．要查看上一级的文件夹或磁盘内容，单击工具栏上的_______按钮即可。
A．“后退”　B．“前进”　C．“向上”　D．“撤销”

60．要查看上一步骤看过的文件夹或磁盘内容，单击工具栏上的_______按钮即可。
A．“后退”　B．“前进”　C．“向上”　D．“撤销”

61．“资源管理器”中部的窗口分隔条_______。
A．可以移动　B．不可以移动
C．自动移动　D．以上说法都不对

62．下列叙述正确的有_______。
A．Windows 系统在安装时，所有的功能都必须安装，否则系统不能正常运行
B．Windows 中的文件（夹）删除后，不可以从回收站中还原
C．从回收站中删除文件（夹）后，内存中仍有该程序存在
D．一个窗口最大化后，就不能再移动了

63．下列关于 Windows 文件名的说法中，不正确的是_______。
A．文件名最长可达 256 个字符　B．文件名可以用空格
C．文件名可以用汉字　D．文件名最长可达 255 个字符

64．在 Windows 中，为保护文件不被修改，可将它的属性设置为_______。
A．存档　B．只读　C．隐藏　D．系统

65．在搜索文件或文件夹时，若用户输入“*．*”，则将搜索＿＿＿＿＿。
A．所有含有“*”的文件　B．所有扩展名中含有“*”的文件
C．所有文件　D．以上全不对

66．下列关于 Windows 快捷方式的表达错误的是＿＿＿＿＿。
A．一个文件可以有多个快捷方式
B．快捷方式只能显示在桌面上
C．删除快捷方式不会删除原有文件
D．快捷方式的名称可以改变

67．以下关于 Windows 快捷方式的说法中正确的是＿＿＿＿＿。
A．快捷方式是一种文件，每个快捷方式都有自己独立的文件名
B．只有指向文件和文件夹的快捷方式才有自己的文件名
C．建立在桌面上的快捷方式，其对应的文件位于 C 盘根目录上
D．建立在桌面上的快捷方式，其对应的文件位于 C:\WINNT 内

68．在 Windows 中，要安装一个应用程序，正确的操作应该是＿＿＿＿＿。
A．打开“资源管理器”窗口，使用鼠标拖动
B．打开“控制面板”窗口，双击“添加或删除程序”图标
C．打开 MS-DOS 窗口，使用“Copy”命令
D．打开“开始”菜单，选中“运行”菜单项，在弹出的“运行”对话框中输入“Copy”命令

69．Windows 把所有的系统环境设置功能都统一到＿＿＿＿＿。
A．我的电脑　B．打印机　C．控制面板　D．资源管理器

70．如用户在一段时间＿＿＿＿＿，Windows 将启动执行屏幕保护程序。
A．没有按键盘　B．没有移动鼠标
C．既没有按键盘，也没有移动鼠标　D．没有使用打印机

71．要设置日期分隔符，应首先双击“控制面板”窗口中的＿＿＿＿＿。
A．“日期和时间”图标　B．“键盘”图标
C．“区域设置”图标　D．“系统”图标

72．要更改鼠标指针移动的速度，应在“鼠标 属性”对话框中选择的选项卡是＿＿＿＿＿。
A．“鼠标键”　B．“指针选项”　C．“硬件”　D．“移动”

73．“显示 属性”对话框中下列描述错误的是＿＿＿＿＿。
A．“桌面”选项卡用来设置桌面的背景图案和墙纸
B．“主题”选项卡用来设置屏幕保护程序
C．“设置”选项卡用来设置分辨率、调色板的颜色数和改变显示类型等
D．“外观”选项卡用来设置对象的颜色、大小和字体等

74．记事本是 Windows＿＿＿＿＿中的应用程序。
A．画图　B．菜单　C．控制面板　D．附件

75．记事本不具有的功能是＿＿＿＿＿。
A．查找和替换　B．复制　C．设置字体格式　D．设置段落格式

76．下列叙述错误的是＿＿＿＿＿。

A．“附件”下的“记事本”是纯文本编辑器

B．“附件”下的“写字板”是纯文本编辑器

C．“附件”下的“写字板”提供了在文档中插入声频信息等对象的功能

D．使用“附件”下的“画图”工具绘制的图片可以设置为桌面背景

77．Windows 自带的文本处理工具中，在功能上来说比记事本更强大的是______。

A．WPS　　B．写字板　　C．Word　　D．中文之星

78．在记事本中，如果文档中有大量文本需要替换，可用______功能。

A．更改　　B．查找　　C．替换　　D．另存为

79．使用 Windows 自带______可以进行简单的绘图和图像处理。

A．画图　　B．绘图　　C．ACDsee　　D．Photoshop

80．在画图的编辑状态，将图画设置为桌面壁纸操作时，应当使用______菜单中的命令。

A．“文件”　　B．“插入”　　C．“编辑”　　D．“图像”

81．在 Windows 中，录音机程序的文件扩展名是______。

A．mid　　B．wav　　C．avi　　D．htm

82．下面关于 Windows 字体的说法中，正确的是______。

A．使用“控制面板”中的“字体”选项，可以设置“资源管理器”窗口中的字体大小

B．在“Fonts”窗口中，使用“文件”→“删除”命令可以删除字体和字体文件

C．每一种字体都有相应的字体文件，存放在 Fonts 文件夹中

D．TrueType 字体是一种可缩放字体，但是打印效果与屏幕显示相比略差

83．______是指当用户在一段时间没有进行任务操作后，系统自动启动保护性的动画。

A．系统保护　　B．动画保护　　C．显示保护　　D．屏幕保护

84．智能 ABC 输入法是______的一种。

A．英文输入法　　B．语音输入法　　C．音码输入法　　D．非键盘输入法

85．在中文 Windows 的输入中文标点符号状态下，按下列______键可以输入中文标点符号顿号（、）。

A．【\】　　B．【&】　　C．【~】　　D．【/】

86．在中文 Windows 中，使用软键盘可以快速输入各种特殊符号，为了撤销弹出的软键盘，正确的操作为______。

A．用鼠标左键单击软键盘上的【Esc】键

B．用鼠标右键单击软键盘上的【Esc】键

C．用鼠标右键单击中文输入法状态窗口中的“开启/关闭软键盘”按钮

D．用鼠标左键单击中文输入法状态窗口中的“开启/关闭软键盘”按钮

87．在执行删除操作时，______中的文件不能被送入到回收站。

A．A 盘　　B．D 盘　　C．C 盘　　D．Windows 安装目录

88．在 Windows 中，“回收站”是占用______。

A．高速缓存中的一块区域　　B．硬盘上的一块区域

C．软盘上的一块区域　　D．内存中的一块区域

89．在 Windows 的“回收站”窗口中，进行了“清空回收站”操作后，______。

A．“回收站”被清空，其中的文件或文件夹被恢复到删除前的位置

B．“回收站”被清空，其中的文件或文件夹被清除

C．“回收站”中的文件或文件夹仍保留，同时被恢复到删除时的位置

D．“回收站”被清空，其中的文件或文件夹被恢复到用户指定的位置

90．在 Windows 中的“回收站”窗口中，若选定文件或文件夹，并选择“文件”→“还原”命令，则_______。

A．选定的文件或文件夹被恢复到原来的位置上，但仍保留在“回收站”中

B．选定的文件或文件夹将从硬盘上被清除

C．选定的文件或文件夹不能被恢复到指定的位置上

D．选定的文件或文件夹被恢复到原来的位置上，并从“回收站”中清除

91．在“启动盘”选项卡中，单击“创建启动盘”按钮，可以创建_______。

A．用户启动盘　B．程序启动盘　C．安装启动盘　D．系统启动盘

92．下列关于 Windows 磁盘扫描程序的叙述中，只有_______是对的。

A．磁盘扫描程序可以用来检测磁盘和修复磁盘

B．磁盘扫描程序只可以用来检测磁盘，不能修复磁盘

C．磁盘扫描程序不能检测压缩过的磁盘

D．磁盘扫描程序可以用来检测和修复硬盘、软盘片和可读/写光盘

93．关于 Windows 格式化磁盘的操作，以下有关快速格式化磁盘的说法中正确的是_______。

A．快速格式化只能格式化 1.44MB 软磁盘

B．快速格式化可以对从未格式化过的新磁盘快速处理

C．快速格式化只能用于曾经格式化过的磁盘

D．快速格式化不能对有坏扇区的磁盘进行处理

94．格式化软盘，即_______。

A．删除原有部分信息，保留原有部分信息

B．可删除原有信息，也可不删除

C．保留软盘上原有信息，对剩余空间格式化

D．删除软盘上原有信息，在盘上建立一种系统能识别的格式

95．Windows 具有“复制软盘”功能，复制软盘要求_______。

A．目的盘必须先经过格式化　B．系统必须具有两个软盘驱动器

C．源盘和目的盘必须规格相同　D．目的盘上的全部内容必须先清除

96．为避免因计算机系统出错、硬盘损坏或者发生其他意外，而造成数据丢失。可以事先对一些重要文件进行_______。

A．磁盘清理　B．备份

C．磁盘碎片整理　D．磁盘空间管理

97．通过_______可以把系统还原成为一个以前正常使用的系统。

A．“系统恢复”向导窗口　B．“系统工具”向导窗口

C．“系统还原”向导窗口　D．“系统备份”向导窗口

98．在 Windows 中备份文件的扩展名为_______。

A．bkf　　B．kfc　　C．backup　　D．bkp

99．安装打印机要通过“控制面板”中的______进行。

A．“打印机”图标　　B．“传真机”图标

C．“打印机和传真机”图标　　D．“硬件”图标

100．以下关于打印机的说法中不正确的是______。

A．如果打印机图标旁有了复选标记，则已将该打印机设置为默认打印机

B．在打印机可以更改打印队列中尚未打印文档的顺序

C．在打印机管理器中可以安装多台打印机

D．可以设置多台打印机为默认打印机

## 二、多选题

1．Windows 的新功能有______。

A．提供全面保护　　B．系统还原　　C．安全中心　　D．自动升级

2．退出 Windows 的方法有______。

A．选择“开始”→“关闭计算机”命令　　B．直接关闭电源

C．按【Ctrl+Alt+Del】组合键，单击“关机”按钮　　D．按【Alt+F4】组合键

3．刚安装好 Windows，桌面（“现代桌面”风格）的基本元素有______。

A．“收件箱”图标　　B．任务栏　　C．“我的电脑”图标

D．“Office 2007 ”图标　　E．回收站

4．Windows 中的窗口主要组成部分应包括______。

A．标题栏　　B．菜单栏　　C．状态栏

D．工具栏　　E．关闭按钮

5．关闭应用程序窗口的方法有______。

A．单击“关闭”按钮

B．双击窗口的标题栏

C．单击状态栏中的另一个任务

D．选择“文件”菜单中的“退出”或“关闭”命令

6．通过经典“开始”菜单的______可以打开窗口。

A．我的电脑　　B．控制面板　　C．网络连接　　D．打印机和传真

7．用默认“开始”菜单中的“搜索”选项，可以查找______。

A．计算机　　B．文件夹　　C．新硬件设备　　D．Internet 资源

8．Windows 的“开始”菜单可以______。

A．添加项目　　B．删除项目　　C．隐藏“开始”菜单　　D．显示小图标

9．在屏幕底部的任务栏可以移到屏幕的______。

A．顶部　　B．任何位置　　C．左边界　　D．右边界

10．在多个窗口中切换的方法是______。

A．在“任务栏”上单击一个窗口的任务提示条　　B．按【Alt+Tab】组合键选择

C．单击非活动窗口的任一未被遮蔽的可见的位置　　D．用鼠标右键单击

11．在 Windows 中，在文件和文件夹的命名时，可以使用______。

A．长文件名　B．汉字
C．大/小写英文字母　D．特殊符号如“|”、“/”、“.”等

12．“在资源管理器”窗口中，可以使文件和文件夹按______排序。

A．大小　B．类型　C．修改时间　D．属性

13．在 Windows 中删除文件的方法有______。

A．用【Del】键删除　B．用鼠标将其拖放到回收站
C．用 Erase 命令删除　D．用鼠标将其拖出本窗口

14．选择连续的若干个文件的方法有______。

A．【Shift+鼠标光标移动键】　B．【Ctrl+鼠标光标移动键】
C．按住鼠标左键拖动选中某区域　D．用鼠标左键连续单击文件名

15．可以实现文件复制的方法有______。

A．选中文件，然后单击鼠标右键，在弹出的快捷菜单中选择“发送到”命令
B．用鼠标拖放技术
C．用“复制”、“粘贴”功能
D．选中文件，然后单击目标文件

16．在 Windows 中，根据位置和文件名进行查找时，可使用的通配符是______。

A．?　B．--　C．￥　D．*

17．在“我的电脑”窗口中，利用“查看”菜单可以对窗口内的对象以______方式进行浏览。

A．图标　B．刷新　C．平铺　D．缩略图
E．列表　F．详细信息

18．在 Windows 中，启动应用程序的方式有______。

A．双击程序图标　B．通过“开始”菜单
C．通过快捷方式　D．通过“运行”窗口

19．下面关于快捷方式的说法，正确的是______。

A．可以将快捷方式建立在桌面上
B．可以把快捷方式建立在文件中
C．可以在当前文件中建立其他文件的快捷方式
D．可以将快捷方式放入任务栏的快速启动工具栏中

20．下面关于快捷菜单的说法，正确的是______。

A．是常用菜单命令的快速使用方法
B．许多 Windows 程序都提供快捷菜单
C．它可显示与某一对象相关的命令清单
D．在快捷菜单以外的地方单击可取消快捷菜单

21．下列关于“写字板”的说法，不正确的是______。

A．“写字板”能编辑文本文件
B．“写字板”可以插入图像、编辑多媒体文件
C．“写字板”中只能链接图像、不能插入图像
D．“写字板”是一种表格软件

22．在“写字板”中移动被选中的文本块的方法有______。

A．将其用鼠标拖动到目标处

B．单击鼠标右键，在弹出的快捷菜单中选择“粘贴”命令

C．先按【Ctrl+X】组合键，然后将光标定位在目标处，再按【Ctrl+V】组合键

D．先按【Ctrl+C】组合键，然后将光标定位在目标处，再按【Ctrl+V】组合键

## 三、填空题

1．操作系统的功能包括____管理、内存管理、文件管理和作业管理。

2．系统软件通常包括操作系统、____和应用程序。

3．使用____快捷键，可以在 Windows 多窗口之间切换。

4．使用____快捷键，可以关闭当前窗口或者退出当前应用程序。

5．Windows 的 3 种窗口类型为：____、____、____。

6．Windows 的两种菜单类型是：____和____。

7．硬盘上被删除的文件或文件夹存放在____。

8．Windows 中的控制面板一共有两种视图：____和____。

9．在 Windows 中，用户可以同时打开多个窗口，窗口的排列方式有____、____和纵向平铺 3 种，但只有一个窗口处于激活状态，该窗口叫做____，其他窗口为____。

10．在 Windows 中，不同任务的切换可以单击____上有关的任务按钮。

11．用鼠标右键单击“我的电脑”窗口空白处，在弹出的快捷菜单中选择____命令，可以重新排列图标。

12．Windows 中文件夹的概念相当于 MS-DOS 中的____，一个文件夹中可以包含多个____。文件夹是用来组织磁盘文件的一种____数据结构。

13．当一个文件或文件夹被删除后，如果用户还没有进行其他操作，则可以在菜单中选择____命令，将刚删除的文件恢复；如果用户已经执行了其他操作，则必须通过在____中选定被删除的文件后再选择____菜单中的____命令才能恢复。

14．在 Windows 中，可以很方便、直观地使用鼠标的拖放，实现文件或文件夹的____或者____。

15．在 Windows 中，按____键，能够将整个桌面的内容存入剪贴板。

16．在 Windows 中，按____键，能够把当前窗口复制到剪贴板。

17．工具栏是一组____，单击可以执行常规任务，它用____方式表示命令，更加直观和快捷。

18．当选定文件或文件夹后，欲改变其属性设置，可以单击鼠标____键，然后在弹出的快捷菜单中选择____命令。

19．在“开始”按钮上____击鼠标，在弹出的快捷菜单中选择____命令可以启动资源管理器。

20．在“资源管理器”窗口中，要想显示隐含文件，可以利用____菜单中的____菜单项，打开“文件夹选项”对话框，在____选项卡中进行设置。

21．在“资源管理器”窗口中，为了将常用工具栏显示在窗口，应选择____菜单中的“工作栏”菜单项。

22．在 Windows 的对话框中，方框型的按钮通常称为____按钮。

23．在 Windows 的对话框中，圆形的按钮通常称为____按钮。

24．用____键，可以启动或关闭中文输入法，用____键，可以进行全角半角的切换，用____键，可以进行中文/英文标点符号的切换。

25．单击对话框中的“确定”按钮与按____键的作用是一样的，单击对话框中的“取消”按钮与按____键的作用是一样的。

26．树状结构的目录方式指的是文件____是按____划分的。

27．当任务栏被隐藏时，用户可以用按____键，打开“开始”菜单。

28．利用“控制面板”窗口中的____向导，可以安装新硬件。

29．“控制面板”是整个计算机____的统一____中心。

30．在中文 Windows 中，为了添加某个中文输入法，应选择____窗口中的“区域和语言选项”图标。

31．用 Windows 的“记事本”所创建文件的默认扩展名是____。

32．在文件（夹）的属性对话框中有 3 个复选框，分别为____、____和____。

33．如果不小心误删除了文件或文件夹，可以在____里把它恢复。

34．选择____命令，可以还原“回收站”中所有的文件或文件夹。

35．按住____键，再将文件从 A 文件夹拖动到 B 文件夹，该文件便被复制到 B 文件夹中。

36．在桌面上创建一个快捷方式图标后，在运行该程序时，只要____快捷图标即可。

37．将一个文件（夹）复制到另外一个文件夹中，选定要复制的文件（夹），单击工具栏中的____按钮，到目标文件夹中，应单击工具栏中的____按钮。

38．如果要将桌面的颜色设置为“蓝色”，应选择“显示属性”对话框中的____选项卡。

39．____是改变系统配置的应用程序，通过它可以调整各软件和硬件的选项。

40．“剪切”、“复制”、“粘贴”操作的快捷键分别是____、____、____。

41．“写字板”程序中的段落格式化主要有段落____与段落____两部分。

42．选定对象并按下【Ctrl+X】组合键后，所选定的对象保存在____中。

43．在 Windows 菜单中，有的命令项前有“√”，表示____。

44．在“资源管理器”窗口中，有的文件夹前边带一个减号，它的表示意思是______。

45．在“资源管理器”窗口中，左窗格显示的是计算机中的______，右窗格显示的是在左窗格中的________项目的内容。

46．长文件名“计算机公共基础．DOC”对应的短文件名是________。

47．在 Windows 中同样可以使用________和________作为通配符查找文件。

48．要查找所有第一个字母为 B 且扩展名为 txt 的文件，应输入________。

49．选定窗口中全部文件（夹）的快捷键是__________。

50．要重新安排文件和磁盘上的空间，从而提高计算机的运行效率，应选用“系统工具”中的________程序。

## 四、判断题

（　）1．直接切断计算机供电的做法对 Windows 系统有损害。

（　）2．使用“开始”菜单上的“我最近的文档”命令将迅速打开最近使用的文档。

(　　) 3．Windows 的桌面是一个系统文件夹。
(　　) 4．任务栏可以拖动到桌面上的任何位置。
(　　) 5．窗口一般可分为“文档窗口”和“对话框”两个基本类型。
(　　) 6．对话框中没有菜单项。
(　　) 7．对话框可以最小化。
(　　) 8．对话框可以移动，可以改变大小。
(　　) 9．列表框可以显示多个条目，由用户选择其中一项或多项。
(　　) 10．下拉列表框中当选项条目较多时，有滚动条，可以单击滚动按钮来查看和选择。
(　　) 11．对于菜单上的菜单项目，按下【Alt】键和菜单名右边的英文字母就可以起到和用鼠标单击该条目相同的效果。
(　　) 12．任务栏一般放置在桌面的底部，但用户可以改变它的位置。
(　　) 13．快速启动图标是由系统设置的，用户不能改变。
(　　) 14．单选按钮是一组互相排斥的项，一次只能选定一项。
(　　) 15．菜单中变灰的命令，表示该命令目前不能使用。
(　　) 16．在 Windows 中，“任务栏”的作用是显示系统的所有功能。
(　　) 17．在 Windows 中，鼠标右键无任何作用。
(　　) 18．工具栏是菜单命令的快速使用方法，包含了所有菜单命令。
(　　) 19．只有在“我的文档”窗口下才能打开用户的文件。
(　　) 20．在“资源管理器”窗口中，左右区域大小是固定的。
(　　) 21．所有的文件都必须有扩展名。
(　　) 22．查找文件和文件夹时可以使用通配符“*”和“？”。
(　　) 23．文件和文件夹不允许重命名。
(　　) 24．在 Windows 中，文件名中可以使用符号“<”或“>”。
(　　) 25．查找文件时只能在 C：盘上查找。
(　　) 26．文件名和文件夹名可以使用汉字。
(　　) 27．在 Windows 中，给文件和文件夹命名时字母大小写均可。
(　　) 28．在 Windows 中，只要对文件或文件夹设置“共享”属性，与之联网的计算机就可访问该文件或文件夹。
(　　) 29．Windows 资源管理器的窗口内，双击所需程序的图标即能运行该程序。
(　　) 30．Windows 中所有的应用程序都可以登记到“开始”菜单中。
(　　) 31．在 Windows 中，文件的类型可以用图标来表示。
(　　) 32．通配符“*”只能代表一个字符。
(　　) 33．在 Windows 中，删除软盘上的文件后，仍可在“回收站”中恢复。
(　　) 34．被删除的文件或文件夹，被暂存到“回收站”中，它们已经不占用硬盘空间了。
(　　) 35．一般来说，快捷方式图标的左下角都有“斜箭头”标志。
(　　) 36．Windows 把所有的系统环境设置功能都统一到资源管理器中。
(　　) 37．文件扩展名没有进行登记的文件称为未关联文件，此类文件无法打开。
(　　) 38．写字板只能运行纯文本文件。

(　　) 39．“画图”应用程序中的工具栏和调色板可以隐藏起来。

(　　) 40．按【Alt+PrintScreen】组合键可以复制活动窗口的图形到剪贴板上。

## 五、实践应用

### 实践一

**实践要求**

1．将第 1 套题素材文件夹下 WIN 文件夹中的文件 WORK 重命名为 PLAY。

2．在第 1 套题素材文件夹下创建文件夹 GOOD，并设置属性为“隐藏”。

3．在第 1 套题素材文件夹下 WIN 文件夹中新建一个文件夹 BOOK。

4．将第 1 套题素材文件夹下 DAY 文件夹中的文件 WORK.DOC 移动到第 1 套题素材文件夹下文件夹 MONTH 中，并重命名为 REST.DOC。

5．在第 1 套题素材文件夹中搜索文件 SKY，并将该文件设置为“只读”属性。

6．将第 1 套题素材文件夹下 SOME 文件夹中的 DOT.BMP 在第 1 套题素材文件夹下设置快捷方式。

7．将第 1 套题素材文件夹下 DAY 文件夹下的 USERS 文件夹删除。

### 实践二

**实践要求**

1．将第 2 套题素材文件夹下 BE 文件夹中的文件 HSEE．BMP 设置为“存档”和“只读”属性。

2．将第 2 套题素材文件夹下 DOWN\SET 文件夹中的文件夹 LOOK 删除。

3．将第 2 套题素材文件夹下 POWER\FIELD 文件夹中的文件 COPY.WPS 复制到第 2 套题素材文件夹下 APPLE\PIE 文件夹中。

4．在第 2 套题素材文件夹下 DRIVE 文件夹中建立一个新文件夹 MODDLE。

5．将第 2 套题素材文件夹下 TEEN 文件夹中的文件 WEXAM.TXT 移动到第 2 套题素材文件夹下 SWAN 文件夹中，重命名为 BUILDER.BAS。

6．将第 2 套题素材文件夹下 TEACH 文件夹下的 STUDENT.BMP 在第 2 套题素材文件夹下设置快捷方式。

7．在第 2 套题素材文件夹下搜索名为 BOY.TXT 的文件，并将其重命名为 girl.txt。

### 实践三

**实践要求**

1．将第 3 套题素材文件夹下 HARE\DOWN 文件夹中的文件 EFLFU．FMP 设置为“存档”和“只读”属性。

2．将第 3 套题素材文件夹下 WID\DEIL 文件夹中的文件 ROCK．PAS 删除。

3．在第 3 套题素材文件夹下 HOTACHI 文件夹中建立一个新文件夹 DOWN。

4．将第 3 套题素材文件夹下 SHOP \ DOCTER 文件夹中的文件 IRISH 复制到第 3 套题素材文件夹下的 SWISS 文件夹中，并将文件夹重命名为 SOUETH。

5．将第 3 套题素材文件夹下 MYTAXI 文件夹中的文件夹 HIPHI 移动到第 3 套题素材文件夹下 COUNT 文件夹中。

6．将第 3 套题素材文件夹下搜索名为 nurse.txt 的文件，并为其在第 3 套题素材文件夹下创建快捷方式。

### 实践四

**实践要求**

1．将第 4 套题素材文件夹下 GOTO 文件夹中的文件 DOWN.INF 复制到第 4 套题素材文件夹下 XUE 文件夹中。

2．将第 4 套题素材文件夹下 MICRO 文件夹中的文件夹 MACRO 设置为“只读”和“存档”属性。

3．将第 4 套题素材文件夹下 QIDONG 文件夹中的文件 WORD.ABC 移动到第 4 套题素材文件夹下 EXCEL 文件夹中，并将该文件重命名为 XIUGAI.COR。

4．将第 4 套题素材文件夹下 HULIAN 文件夹中的文件 TONGXIN.WRI 删除。

5．在第 4 套题素材文件夹下 TEDIAN 文件夹中建立一个新文件夹 YOUSHI。

6．将第 4 套题素材文件夹下搜索名为 zoo.bmp 的文件，并为其在第 4 套题素材文件夹下创建名为 park 的快捷方式。

### 实践五

**实践要求**

1. 将第 5 套题素材文件夹下 SUNNY 文件夹中的文件 DOEN. EXL 复制到同一文件夹中，文件名为 MENT.DOC。

2．在第 5 套题素材文件夹下 BUIDE 文件夹中建立一个新文件夹 CAT.WPS。

3．将第 5 套题素材文件夹下 SEEM \ YUN 文件夹中的文件 NUM.WRI 设置成“隐藏”和“只读”属性。

4．将第 5 套题素材文件夹下 BOARD 文件夹中的文件 GOD.DER 删除。

5．将第 5 套题素材文件夹下 READ 文件夹中的文件 TEEM.PAS 移动到第 5 套题素材文件夹下 COUNT \ KEN 文件夹中，更名为 BOT.DOC。

6．在第 5 套题素材文件夹下搜索名为 ant 的文件夹，并为其在第 5 套题素材文件夹下创建快捷方式。

## 六、自我测试

### 自我测试一

**测试要求**

1．将 STUDENT 文件夹中的 LICENSE.TXT 文件移动到 WORKER 文件夹中，并重命名为 SETUP.TXT。

2．在 OLD 文件夹中，新建一个名为 NEW 的文件夹，并设置属性为“隐藏”。

3．将 TEST 文件夹中的 EXAM.BAS 文件复制到 LEARN 文件夹中。

4．在考试文件夹中，查找 USER.TXT 文件，找到后，将该文件删除。

5．在考试文件夹中，为 EXAMINER 文件夹中的 BEGIN.EXE 文件建立名为 BEGIN 的快捷方式。

## 自我测试二

### 测试要求

1．将 RING 文件夹中的 PGP.TXT 文件移动到 KEY 文件夹中。

2．在考试文件夹中，为 ANSWER 文件夹中的 SESSION.DOC 文件建立名为 SESSION 的快捷方式。

3．在 OLD 文件夹中，新建一个名为 NEW 的文件夹，并设置属性为“隐藏”。

4．将 PRIVATE 文件夹中的 USER.BAS 文件复制到 PUBLIC 文件夹中。

5．删除 ORIGINAL 文件夹中的 RAND.TXT 文件。

## 自我测试三

### 测试要求

1．在 APPLE 文件夹中，新建一个名为 COCOLATE 的文件夹，并设置属性为“隐藏”。

2．将 PAPER 文件夹中的 BOOK.BAS 文件复制到 EXERCISE 文件夹中。

3．将 PEOPLE 文件夹中的 MEN.TXT 文件移动到 TEACHER 文件夹中，并重命名为 WOMEN.TXT。

4．在考试文件夹中，查找 OLD.BAT 文件，找到后，将该文件删除。

5．在考试文件夹中，将 BEDROOM 文件夹中的 WALL.EXE 文件建立名为 WALL 的快捷方式。

## 自我测试四

### 测试要求

1．将 GREEN 文件夹中的 TREE.TXT 文件移动到 NTAS 文件夹中。

2．在 SECURITY 文件夹中新建一个名为 GOOD 文件夹，并设置属性为“隐藏”。

3．将 RIVER 文件夹中的 BOAT.BAS 文件复制到 RPL 文件夹中。

4．在考试文件夹中查找 PAPER.BMP 文件，找到后，将该文件删除。

5．在考试文件夹中为 OUT 文件夹中的 PLAYPEN.EXE 文件建立名为 PLAYPEN 的快捷方式。

## 自我测试五

### 测试要求

1．将 MODEL 文件夹中的 LEVER.TXT 文件复制到同一文件夹中，并命名为 STAND.TXT。

2．在STRIP文件夹中，新建一个名为Microsoft Word文档，文件名为VIEWPORT。

3．删除SIGH文件夹中的VARIOUS.COM文件。

4．在考试文件夹中查找REALITY.WRI文件，找到后，去掉该文件的“只读”属性。

5．在考试文件夹中为TRACK文件夹中的RATE文件夹建立名为RATE的快捷方式。

**评价标准**

1．以上各项自我测试的测试时间均为20分钟。

2．5分钟内完成所有测试项目为优秀。

3．8分钟内完成所有测试项目为良好。

4．10分钟内完成所有测试项目为中等。

5．15分钟内完成所有测试项目为合格。其他结果为不合格。

## 七、教师测试

### 一、测试要求

1．在D：盘上创建一个“学号+姓名”文件夹即学生文件夹（如2010001张三）。

2．在学生文件夹下建立如下所示的文件夹结构：

3．将本机C：中windows文件夹下的扩展名为.log的文件复制到文件夹USERS中；将桌面上快捷方式文件复制到USERS中。

4．在本机C：中windows文件夹中搜索notepad.exe文件，并将其复制到USER2下，改名为“记事本.exe”。

5．打开写字板，输入自己的学号、姓名和30字的简单自我介绍，另存到学生文件夹中，文件名为“个人简介.txt”。

6．在学生文件夹中新建一个名为“我的程序”的文件夹，将Windows文件夹下大小为18KB的文件复制到“我的程序”文件夹中。

7．将学生文件夹下第三、四个字母分别是C、D的文件移动到“我的程序”文件夹中。

8．在学生文件夹中创建一个名为“123.txt”文本文档；创建一个名为“456.bmp”的图像文件；创建一个名为“789.doc”的Word文档；创建一个名为“abc.xls”的Excel文档。

9．删除USERS文件夹中的所有文件。打开回收站，并将其窗口截取后以图片形式保存在USER2文件夹下，文件名为DELETE.BMP。

10．将“回收站”中的所有文件都恢复到原来位置。

11．创建一个画图程序的快捷方式，存放在学生文件夹中（画图程序为mspaint.exe，在c:\Windows文件夹下）。

12．把 E：盘正在磁片整理的窗口截取后以图片形式保存在学生文件夹下，文件名为“碎片整理.BMP”。

13．把检查硬盘 D：错误的对话框截取后以图片形式保存在学生文件夹下，文件名为“查错.BMP”。

14．为学生文件夹建立一个名为“学号+姓名”．RAR 的自解压文件，并存放在学生文件夹下。

## 二、评价标准

1．测试时间为 40 分钟。

2．15 分钟内完成所有测试项目为优秀。

3．20 分钟内完成所有测试项目为良好。

4．40 分钟内完成所有测试项目为中等。

5．40 分钟内完成其中 10 项测试项目为合格。其他结果为不合格。

# 第二部分　网 上 冲 浪

## 一、单选题

1．计算机网络根据所采用的数据传输技术可以分为________。

A．局域网和广域网　　B．广播式网络和点到点式网络

C．局域网和点到点式网络　　D．广域网和广播式网络

2．广域网的英文拼写是________。

A．Internet　　B．Windows XP

C．Local Area Network　　D．Wide Area Network

3．局域网的英文拼写是______.

A．Internet　　B．Wide Area Network

C．Windows XP　　D．Local Area Network

4．一旦中心出现故障则整个网络就会瘫痪的局域网拓扑结构是________。

A．星状结构　　B．树状结构　　C．总线状结构　　D．环状结构

5．目前，实际存在与使用的广域网的拓扑结构基本都是采用________。

A．总线拓扑　　B．环状拓扑　　C．网状结构　　D．星状结构

6．互联设备 Hub 称为________。

A．网卡　　B．集线器　　C．网桥　　D．路由器

7．局域网中最常用的一种传输设备介质是________。

A．双绞线　　B．同轴电缆　　C．光纤　　D．电话线

8．局域网常用的传输介质中，传输速率最快的是________。

A．双绞线　　B．同轴电缆　　C．光纤　　D．电话线

9．不是有线网的物理媒体的是________。

A．同轴电缆　　B．微波　　C．双绞线　　D．光纤

10．在计算机网络中，带宽这一术语表示________。

A．数据传输的宽度　　B．数据传输速率　　C．计算机位数　　D．CPU 主频

11．在 Internet 上，使用最广泛的是________。

A．电子邮件（E-mail）　　B．专题讨论（USENET）

C．文件传输（FIT）　　D．电子公告板系统（BBS）

12．E-mail 是指________。

A．利用计算机网络及时地向特定对象传送文字、声音、图形图像的一种通信方式

B．电报、电话、电传等通信方式

C．无线和有线的总成

D．报文的传送

13．下列电子邮件地址中，写法正确的是________。

A．fox a public tpt.tj.com

B．pubic tyt.ty c@fox

C．fox@public tpt.tj.com

14．一般来说，电子邮件软件不具备的功能是________。

A．同时给多个用户发送电子邮件的功能　B．发送电子邮件的功能

C．网络搜索功能　D．接收电子邮件功能

15．关于电子邮件（E-mail），下列说法正确的是________.

A．连入 Internet 的计算机，只有型号相同才能收发电子邮件

B．电子邮件只能传输文本文件

C．在发送电子邮件时，必须与收件人使用的计算机建立实时连接

D．若想使用电子邮件，必须具有 IPS 提供的电子邮件账号

16．关于电子邮件（E-mail），下列说法正确的是________。

A．电子邮件只能传输声音文件

B．电子邮件的地址格式与域名相同

C．若想使用电子邮件，用户计算机必须有自己的 IP 地址

D．电子邮件一次可以发送给多个人

17．下列________不是邮件服务器使用协议。

A．SMTP 协议　B．MIME 协议　C．POP3 协议　D．FTP 协议

18．SMTP 指的是________协议.

A．文件传输　B．用户数据报　C．域名服务　D．简单邮件传输

19．下列对电子邮件软件功能描述不正确的是________。

A．可以连接和阅读收到的电子邮件　B．打印收到的电子邮件

C．阅读完收到的电子邮件后，具有自动删除功能　D．转发收到的电子邮件

20．电子邮件软件的主要功能是建立电子邮箱、生成邮件、发送邮件和________。

A．处理邮件　B．接收邮件

C．修改电子邮件　D．为待发邮件加. PDK 扩展名

21．网络协议是________。

A．网络用户使用网络资源时必须遵守的规定

B．网络计算机之间进行通信的规则

C．网络操作系统

D．用于编写通信软件的程序设计语言

22．ISO/OSI 模型将计算机网络分为________层。

A．2　B．3　C．4　D．7

23．国际标准化组织（ISO）于 1984 年正式颁布的开放系统互联基本参考模型简写为________。

A．SNA　B．OSI　C．DNA　D．TCP/IP

24. 网络中的所有计算机在进行信息交换时，应使用________网络协议。

A. 较流行的　　B. 不同的　　C. 统一的　　D. 独立的

25. 关于 TCP/IP 协议，下列说法正确的是________。

A. 是 Internet 所使用的基本的协议

B. TCP 协议用于保证信息传输的正确性，而 IP 协议用于转发数据包

C. TCP/IP 协议只包含 TCP 协议和 IP 协议

D. 使 Internet 内软、硬件系统差别很大的计算机之间可以通信

26. Internet 上许多不同的网络和不同类型的计算机互相通信的基础是________。

A. ATM　　B. TCP/IP　　C. NOVELL　　D. X25

27. 下面关于 TCP/IP 协议的叙述，不正确的是________。

A. 全球最大的网络是因特网（Internet），它所采用的网络协议是 TCP/IP 协议

B. TCP/IP 协议，具体地说就是传输控制协议（TCP）和网际协议（IP）

C. TCP/IP 协议本质上是一种采用报文交换技术的协议

D. TCP 协议用于负责网上信息的正确传输，而 IP 协议则是负责将信息从一处传输到另一处

28. Internet 是一种________。

A. Internet 发展的一个阶段　　B. Internet 发展的一种新技术

C. 企业内部网络　　D. 企业外部网络

29. 决定局域网特性的主要技术要素是：网络拓扑、传输介质和________。

A. 数据库软件　　B. 服务器软件

C. 体系结构　　D. 截止访问控制方法

30. 局域网的网络软件主要包括________。

A. 服务器操作系统、网络数据管理系统和网络应用软件

B. 网络操作系统、网络数据库管理系统和网络应用软件

C. 网络传输协议和网络应用

D. 工作站软件和网络数据库管理系统

31. 计算机网络主要由________组成。

A. 传输介质和通信设备　　B. 通信子网和资源子网

C. 用户计算机和终端　　D. 主机和通信处理机

32. 计算机网络最突出的优点是________。

A. 精度高　　B. 内存容量大　　C. 运算速度快　　D. 共享资源

33. 计算机网络最基本的功能为________。

A. 信息流通　　B. 数据传送　　C. 数据共享　　D. 降低费用

34. 计算机网络中，共享的资源主要是指________。

A. 主机、程序、通信信道和数据　　B. 主机、外设、通信信道

C. 软件、外设和数据　　D. 软件、硬件、数据和通信信道

35. 在计算机网络中负责信息处理的那一部分称为________。

A. 远程通信网　　B. 交换网　　C. 资源网　　D. 工作站

36. 计算机网络中的有线网和无线网是按照________划分的。

A．距离　　B．通信媒体　　C．通信速率　　D．通信传播方式

37．用于将有限范围内的各种计算机、终端与外围设备互联起来的网络是________。

A．广域网　　B．局域网　　C．城市网　　D．公共网

38．范围从几十千米到几千千米，覆盖一个国家，地区或横跨几个洲的网络是________。

A．广域网　　B．局域网　　C．城市网　　D．公共网

39．在一所大学中，设每个系都有自己的局域网，则连接各个系的校园网是________。

A．广域网　　B．局域网　　C．城市网　　D．公共网

40．和广域网比，局域网________。

A．时效性好，可靠性好　　B．时效性差，但可靠性好

C．时效性好，但可靠性差　　D．只能用基带传输

41．网络 CSTNET 代表的是________。

A．中国科学技术网　　B．中国教育科研网

C．中国公用信息网　　D．中国金桥网

42．中国教育科研网的缩写是________。

A．NCFC　　B．CERNET　　C．ISDN　　D．INTERNET

43．网络 CHINAGBN 代表的是________。

A．中国金桥网　　B．中国教育科研网

C．中国公用信息网　　D．中国科学技术网

44．在 Internet 上，每个网络和每台主机都被分配一个地址，该地址由数字表示，数字之间用小数点分开，该地址称为________。

A．TCP 地址　　B．IP 地址

C．WWW 服务器地址　　D．WWW 客户机地址

45．IP 地址由一组________的二进制数组成。

A．8 位　　B．16 位　　C．32 位　　D．64 位

46．Internet 中的 IP 地址由 4 个字节组成，每个字节用符号________分隔开。

A．、　　B．,　　C．;　　D．.

47．IP 地址是________。

A．接入 Internet 的计算机地址编号　　B．Internet 中网络资源的地理位置

C．Internet 中的子网地址　　D．接入 Internet 的局域网编号

48．下面________是一个合法的 IP 地址。

A．202.201.253.131　　B．202,130,11,119

C．202:130:114:118　　D．54;21;67;1

49．域名是________。

A．IP 地址的 ASCII 码表示形式

B．按接入 Internet 的局域网的地理位置所规定的名称

C．按接入 Internet 的局域网地大小所规定的名称

D．按分层的方法为 Internet 中的计算机所起的直观名字

50．域名与 IP 地址一一对应，Internet 是靠________完成这种对应关系的。

A．DNS　　B．TCP　　C．PING　　D．IP

51．下列不属于网络操作系统的有________。

A．Windows NT　　B．Windows Server 2003　　C．DOS　　D．UNIX

52．工作站上的主流操作系统是________。

A．DOS　　B．UNIX　　C．VMS　　D．Windows

53．连入计算机网络的计算机或服务端口必须在主机板上插一块________才能互相通信。

A．视频卡　　B．网卡　　C．显示卡　　D．声卡

54．关于网上邻居的叙述，不正确的是________。

A．网上邻居不是 Windows 7 新增的功能

B．通过网上邻居可以浏览网上的打印机

C．通过网上邻居不能浏览网上的打印机

D．通过网上邻居可以浏览多个网络的计算机

55．Internet 是由________发展起来的。

A．NSFNET 网　　B．TCP/IP

C．ARPANET 网　　D．ESNET

56．Internet 是一个________。

A．大型网络　　B．国际性组织　　C．网络的集合　　D．计算机软件

57．Internet 使用________作为通信协议。

A．OSI/RM　　B．IPX/SPX　　C．PPP　　D．TCP/IP

58．Internet 服务提供者的英文缩写是________。

A．DSS　　B．NII　　C．IIS　　D．ISP

59．有关 Internet 的概念叙述错误的是________。

A．Internet 即国际互联网

B．Internet 具有网络资源共享的特点

C．在中国称为因特网

D．Internet 是局域网的一种

60．网络 CHINANET 代表的是________。

A．科学院网络中心的中国科学技术网　　B．国家教育部的中国教育科研网

C．邮电部的中国公用信息网　　D．电子工业部中国金桥网

61．主机域名 company.tpt.tj.cn 由 4 个域名组成，其中表示网络名的是________。

A．company　　B．tpt　　C．tj　　D．cn

62．下面关于域名内容的说法中，正确的是________。

A．cn 代表中国，com 代表商业机构　　B．cn 代表中国，edu 代表科研机构

C．uk 代表美国，gov 代表政府机构　　D．uk 代表中国，ac 代表教育机构

63．在 Internet 上，大学或教育机构的类别域名中一般包括________。

A．edu　　B．com　　C．gov　　D．org

64．若某用户的 E-mail 地址为 shjkbk@online.sh.cn，那么邮件服务器的域名是________。

A．shjkbk　　B．online　　C．online.sh.cn　　D．sh.cn

65．下列主机域名写法正确的是________。

A．publc.tjy.net.cn

B．11111110.000000.101010101.00001010

C．public.tjy.net.cn

D．11111110 000000 101010101 00001010

66．Web 中的信息资源的基本构成是________。

A．文本信息　B．Web 页　C．Web 站点　D．超级链接

67．用户在浏览 Web 页时可以通过________进行跳转。

A．文本　B．多媒体　C．鼠标　D．导航文字或图标

68．超文本又称超媒体，其正确的解释是________。

A．该文本中包含文本信息

B．该文本中包含声音、图像等多媒体信息

C．该文本中包含二进制字符

D．该文本中有链接到其他文本的链接点

69．超文本与普通文本的主要区别是________。

A．超文本必须包括多媒体信息

B．超文本的信息超过了普通文本

C．超文本含有指向其他文本的链接点

D．超文本必须在浏览器中显示

70．超文本中还隐含着指向其他超文本的链接，这种链接称为________。

A．超链接　B．指针　C．文件链　D．媒体链

71．在 IE 浏览器中，关于保存网页的说法不正确的是________。

A．IE 提供了强大的功能，可以保存整个网页

B．IE 可以保存网页其中的部分内容

C．IE 可以保存网页中文本、图形等，但无法保存网页的链接

D．在 IE 显示的网页的目标上单击鼠标右键，会提供“目标另存为”等功能

72．在 IE 属性设置的“常规”选项设置里面，不可以________。

A．设置“主页”栏

B．设置“Internet 临时文件”栏

C．设置“历史记录”栏

D．设置“字体”、“语言”、“内容”、“辅助功能”等内容

73．下列关于收藏夹的说法，不正确的是________。

A．IE 浏览器的收藏夹可以帮助用户保存自己喜欢的站点地址

B．通过收藏夹便可快速连接到所要的网页

C．收藏夹是一个专用的文件夹

D．收藏网页的内容保存在收藏夹的文件中

74．浏览器的标题栏显示“脱机工作”则表示________。

A．计算机没有开机　B．计算机没有连接 Internet

C．浏览器没有联机工作　D．以上说法都不对

75．FIT 指的是_____协议。

A．文件传输　B．用户数据报　C．域名服务　D．简单邮件传输

76．FIT 最大的特点是________。

A．网上几乎所有类型的文件都可以由 FIT 传送

B．下载或上传的命令简单

C．用户可以使用 Internet 上的匿名 FIT 服务器

D．安全性好

77．匿名 FIT 服务器允许用户以________为用户名，以“guest”为口令进行登录并进行文件传输。

A．anonymous　B．电子邮件账号　C．网络昵称　D．网络登录口令

78．远程登录服务是________。

A．DNS　B．FTP　C．SMPT　D．Telnet

79．Telnet 为了解决不同计算机系统的差异性，引入________概念。

A．用户实终端　B．网络虚拟终端　C．超文本　D．统一资源定位地址

80．在因特网（Internet）中，电子布告栏的英文缩写是________。

A．E-mail　B．BBS　C．FIT　D．WWW

81．在 Internet 上，实现超文本传输的协议是________。

A．HTTP　B．FTP　C．WWW　D．HYTERTEXT

82．浏览 WWW 使用的地址称为 URL，URL 是指________。

A．IP 地址　B．主页　C．主机域名　D．统一资源定位地址

83．DNS 指的是________协议。

A．文件传输　B．用户数据报　C．域名服务　D．简单邮件传输

84．所有单位和个人，如果需要通过 WWW 提供信息，必须在自己的计算机或所在局域网的主机上安装________软件。

A．Web 服务器　B．FTP 服务器　C．Telnet 服务器　D．BBS 服务器

85．使用 Internet Explorer 时，URL 一栏的内容是________。

A．只能输入域名　B．只能输入 IP 地址

C．可以输入域名或 IP 地址　D．域名和 IP 地址都必须输入

86．以下统一资源定位地址中，写法正确的是________。

A．http://www.microsoft.com\cn　B．http://www.microsoft.com/cn

C．http:\\www.microsoft.com/cn　D．http:\\www.microsoft.com\cn

87．在 Internet 中的大多数服务（如 WWW、FTP）都采用________模型。

A．主机/终端　B．星状

C．网状　D．客户-服务器

88．浏览 Web 的软件称为________。

A．HTML 解释器　B．Web 浏览器

C．Explorer　D．Netscape Navigator

89．Internet Explorer 是一种网上的________。

A．搜索软件　B．浏览器　C．传输协议　D．电子邮件发送程序

90．________不是 Internet 上的浏览器。

A．Navigator B．Internet Explorer C．HotJava D．Visual J++

## 二、多选题

1．下列________可作为局域网操作系统。

A．Windows NT B．Linux C．UNIX D．DOS

2．下列________是网络操作系统的功能。

A．屏蔽本地资源与网络资源的差异性 B．提供网络服务功能

C．管理网络资源 D．提供网络系统安全

3．目前我国直接进行国际联网的互联网络有________。

A．CHINANET B．CSTNET C．CHINAGBN D．CERNET

4．IP 地址可分为 ________地址。

A．A 类 B．B 类 C．C 类 D．D 类

5．常用的连接 Internet 的方法有________。

A．通过局域网直接连接 B．通过电话线拨号连接

D．通过有线电视电缆接入 D．通过 xDSL 接入

6．下面属于 Internet 服务的是________服务。

A．万维网 B．电子邮件 C．Telnet D．FIP

7．在浏览器所显示的网页中，可以组成“超链接”的是________。

A．文字 B．按钮 C．图片 D．颜色

8．关于脱机浏览叙述中，正确的是________。

A．脱机浏览是在不连接 Internet 的状态下，仍可以在 IE 中浏览网页

B．脱机浏览的网页必须已经事先下载并保存在计算机 D 盘

C．在“文件”菜单中单击“脱机工作”，便可以进行脱机浏览和在线浏览的状态转换

D．用户在切断与 Internet 的连接下才可以进行脱机浏览

9．在 Internet 中，很多数据服务中心提供了匿名的 FIP 服务，用户可以使用________登录。

A．WWW 地址与统一资源定位地址、主机 IP 地址与 E-mail 地址

B．anonymous 作为用户名，自己的 E-mail 地址作为口令

C．节点的 IP 地址

D．anonymous 作为用户名，guest 作为口令

10．与普通通信方式相比，电子邮件具有________特点。

A．速度快 B．一封电子邮件可同时传输给多人

C．价格低 D．可传送多媒体信息

11．E-mail 账号包括________。

A．用户名 B．主机地址 C．电子邮箱号 D．用户密码

12．局域网的特点主要是________。

A．较小的地理范围 B．传输速率高

C．误码率低 D．易建立、维护和扩展

13．下列属于计算机网络发展所经历的阶段的是________阶段。

A．联机系统 B．互联网络 C．标准化网络 D．以太网

14．计算机网络的组成包括_________。

A．传输介质　B．资源子网　C．通信子网　D．用户计算机

15．在计算机网络中，服务器提供的共享资源主要是指_________。

A．硬件资源　B．软件资源　C．数据资源　D．人力资源

16．下列属于计算机网络的功能的是_________。

A．信息技术　B．资源共享　C．分布式处理　D．均衡负载

17．早期的计算机网络是按照其覆盖的地理范围进行分类的，可以分为_________。

A．局域网　B．广域网　C．城域网　D．点到点式网络

18．决定局域网特性的主要技术要素是_________。

A．网络拓扑　B．网络应用　C．传输介质　D．介质访问控制法

19．局域网最基本的网络拓扑结构有_________结构。

A．总线状　B．环状　C．星状　D．网状

20．计算机网络常用的传输介质有_________。

A．同轴电缆　B．双绞线　C．光纤　D．激光光纤控制方式

21．实现网络互联的设备有_________。

A．中继器　B．网桥　C．路由器　D．网关

22．按照资源共享观点定义的计算机网络的基本特征主要表现在_________。

A．资源共享　B．联网计算机是自治的

C．联网计算机有主从关系　D．联网计算机必须遵循全网统一的协议

23．下列_________组成了国际标准化组织 OSI 模型的传输部分。

A．物理层　B．数据链路层　C．网络层　D．传输层

E．会话层　F．表示层　G．应用层

## 三、填空题

1．域名的一般格式是_________。

2．域名地址中后缀 cn 的含义是_________

3．IP 地址是一种普遍使用的网络地址，有______字节长。IP 地址由______和______两个部分组成。

4．http://www.yahoo.com 称为“雅虎”网站的_________。

5．数据的传输方式分串（行）口通信和_________两种。

6．数据通信过程中，信号一般分为_________和_________两种。

7．决定局域网特性的主要技术因素为_________、_________、_________三种。

8．Internet 起源于_________美国国防部高级研究计划局资助的 ARPANNET 网络。

9．按照国务院有关规定，中国有权直接连接 Internet 的互联网络有 5 个，它们分别是_________、_________、_________、_________和_________。

10．常用的连接 Internet 的方法有_________和_________。

11．粗缆可靠通信的最大长度为_________，数据传输速率为_______；细缆可靠通信的最大长度为_________，数据传输速率为_________.

12．同轴电缆使用 T 型插头与节点设备相连，电缆端头需要连接_________的终端匹配器。

13．网络计算机之间进行通信的规则称为________。

14．国际标准化组织 OSI 模型由________和________两个部分组成。

15．计算机网络层次结构模型和各层协议的集合称为________。

16．ISO 指定的 OSI 参考模型最低两层是________和________。

17．由国际标准化组织（ISO）指定的网络层次结构模型称为________。

18．Internet（因特网）上最基本的通信协议是________。

19．通常的网络通信协议中，最著名的是________和________。

20．所谓________，是每台主机在 Internet 上必须有的一个唯一的标识。

21．IP 地址与域名通过________进行转换。

22．________可以使 Internet 用户把文件从一台主机传输到另一台主机。

23．在 Windows Live Mail 中，在邮件阅读窗口上单击“转发”按钮即可________。

24．描述电子邮件的信息格式及其传递方法的是________。

25．E-mail 信头一般有收信人地址、________和________。

26．E-mail 中有时还可以包含一个或多个计算机文件，这些文件称为________。

27．在 Windows Live Mail 中，只要在工具栏上单击“新邮件”按钮，即可________。

28．在 Windows Live Mai 中，单击邮件阅读窗口工具栏中“回复作者”按钮，即可________。

29．计算机网络的目的和功能是________。

30．从计算机网络组成角度，计算机网络从逻辑功能可分为________和________。

31．在计算机网络中，服务器提供的共享资源主要是指________、________、________。

32．根据计算机网络采用的传输技术不同，计算机网络可分为________和________。

33．根据网络的覆盖地理范围，计算机网络可分为________、________和________。

34．按网络的________分类，计算机网络可分为窄带和宽带两种。

35．计算机网络按通信方式被分为________和________两种类型。

36．由中央节点和通过点到点链路接到中央各站点组成的拓扑结构称为________。

37．常用的光纤有________、________、和________三种类型。

38．WWW 的网页文件是用________编写，并在________协议支持下运行的。

39．WWW 系统的结构采用了________模式。

40．WWW 浏览器是一个________端的程序，其主要功能是使用户获取 Internet 上的各种资源。

41．WWW 是以________方式浏览 Internet 信息资源的技术。

42．Internet 提供的 3 类基本服务是________、________、________。

43．浏览 Internet 上的 WWW 主页的软件称为________。

44．IE 浏览器的收藏夹可以帮助用户保存自己下载的站点地址，用户要将它添加到收藏夹中，需要在菜单栏的收藏项中单击________。

45．当鼠标指针移到某个“超链接”时，鼠标指针一般会变成________，此时单击，便可激活并打开另一网页。

46．超文本中隐含的指向其他超文本的链接称为________。

47．用户在浏览 Web 网页时可以通过________跳转。

## 四、判断题

(　　) 1. IP 地址是 Internet 中子网的地址。
(　　) 2. 域名地址是 IP 地址的 ASCII 码表示形式。
(　　) 3. TCP/IP 使 Internet 上软件、硬件系统差别很大的计算机之间可以通信。
(　　) 4. 联网计算机必须使用相同的操作系统。
(　　) 5. 通过网上邻居可以浏览多个网络的计算机。
(　　) 6. 超媒体是将文本、语音、图形与视频等多种类型的信息结合在一起的信息组织方式。
(　　) 7. WWW 是 Internet 最受欢迎的超文本信息浏览服务。
(　　) 8. 互联网计算机可以为本地用户提供服务，也可以为远程网络用户提供服务。
(　　) 9. FIP 为 Internet 用户提供计算机之间文件传输服务。
(　　) 10. 电子邮件只能传送文本文件。
(　　) 11. 电子邮件的地址格式与域名相同。
(　　) 12. 电子邮件依次可发给多个人。
(　　) 13. 一个计算机网络组成包括用户、计算机和终端。
(　　) 14. 计算机网络中的资源子网是信息资源的提供者，通信子网提供了通信线路的功能。
(　　) 15. 通信子网可以是专用的，也可以是公用的。
(　　) 16. 在一间办公室中的计算机互联不能称为计算机网络。
(　　) 17. 分布式计算机系统与计算机网络没有区别。
(　　) 18. 联网计算机必须通过一条通信线路直接相连。
(　　) 19. 广域网覆盖范围大、传输速率较低，主要的目的是数据通信。
(　　) 20. 网络拓扑结构是指通信子网中节点、通信线路之间的几何关系。
(　　) 21. 网络中的所有计算机在进行信息交换时，应使用统一的网络协议。
(　　) 22. 网络的逻辑拓扑结构与物理拓扑结构是一样的。
(　　) 23. 在计算机网络中使用的传输介质只能是有线传输介质。
(　　) 24. 模拟信号和数字信号在传输上有一定的差距。
(　　) 25. 网络协议是通信双方事先约定的，是通信的语义和语法规则的集合。
(　　) 26. Internet 使用的基本协议是 TCP/IP。
(　　) 27. 如果一台计算机可以和其他计算机进行通信，那么这台计算机就是一个通信 OSI 标准的开放系统。

## 五、实践应用

### 实践一：网上聊天

1. 使用 QQ 申请一个 QQ 号码。
2. 使用新申请的 QQ 号码登录 QQ 并添加几个 QQ 好友。
3. 使用 QQ 与好友进行文字/语音/视频聊天。

4．加入一个 QQ 群与好友群聊。

5．使用 QQ 给好友发送一个你所喜欢的 mp3 文件。

6．在 QQ 中设置你的个人信息并将“私人联系方式”设置为“仅好友可见”。

7．在 QQ 中设置每隔 10 分钟鼠标键盘无动作时自动切换到离开状态。

8．在 QQ 中设置消息窗口自动弹出。

9．如何设置一些固定不变的语句回复，比如“请稍候片刻”，“我也不知道”等，在需要用这些话回复的时候不需要输入任何字符，直接单击“发送”按钮，挑一句即可。

10．对自己的 QQ 号码分别进行“个人”、“系统”、“安全”设置。

## 实践二：资源下载

1．下载 WINrar、SnagIt 后并安装（如果 WINrar 已经安装，则可以不安装和下载）。

2．下载自己喜爱的 mp3 歌曲，将其存放到自己的文件夹中。

3．将网际快车设置为定时下载，并且当下载结束后自动关机。

4．在指定的保存路径（如 D：\Downloads）下创建子目录，如“驱动程序”、“BIOS 文件”、“杀毒工具”、“文件管理”。

## 实践三：浏览器应用

1．为了加快网页的下载速度，请修改 Internet 选项，使得 IE 在下载网页时不能显示网页上的图片、插入网页中的动画、播放网页中的声音，播放网页中的视频，不在媒体栏显示联机媒体内容。

2．设置为主页，并设置网页保存 10 天历史记录。

3．不再保存访问 Internet 的临时文件。

4．将新浪网页（www.Sina.com.cn）添加到收藏夹的新建文件夹“商业网站”中，并命名为“新浪主页”。

## 实践四：资源搜索

1．进入百度网页搜索网页，查看当天新闻，将此网页以“网页，仅 HTML”的类型保存到“我的文档”中，文件名为“百度新闻”。

2．查找有关“计算机等级考试”的网页，将搜索结果以“网页，全部”类型保存到“我的文档”中，文件名为“等级考试”。

3．查找有关“长城”的图片，找到图片后将其保存在“图片收藏”文件夹中，文件名为“长城”。

4．收发电子邮件，将保存的“长城”图片文件作为附件一起发送。

收件人：×××

抄送：×××

主题：长城

内容：我已经找到了长城的图片，请接收附件。

# 第三部分 文字处理

## 一、单选题

1．关闭当前用户文档，但不退出 Word 2007 的操作是________。

A．选择“Office”按钮中的“关闭”命令

B．选择“Office”按钮中的“退出”命令

C．双击标题栏左边的图标

D．单击标题栏右边的“X”图标

2．在 Word 2007 中，在“Office”按钮子菜单中选择“另存为”命令，弹出“另存为”对话框，在________列表框中确定扩展名。

A．保存位置　B．保存类型　C．文件名　D．其他

3．Word 2007 文档模板的扩展名是________。

A．DOCX　B．DOTX　C．WRD　D．TXT

4．单击“Office”按钮下的________文档名，可以打开文件。

A．目前在 Word 中已打开的文档　B．用户编辑过的文档

C．后台运行的文档　D．最近打开过的 Word 文档

5．页眉和页脚必须在________视图下才能显示。

A．普通　B．页面　C．大纲　D．全屏显示

6．在替换操作中，查找到之后，若单击“查找下一个”按钮，则________。

A．向下全部替换　B．向上全部替换

C．替换，继续查找　D．不替换，继续查找

7．支持中文 Word 2007 运行的软件环境是________。

A．DOC　B．Office 2007　C．UCDOC　D．Windows 2007/XP

8．在 Word 2007 中，刚输入的文字被显示在________。

A．文档的尾部　B．鼠标指针位置　C．插入点位置　D．当前行的行尾

9．在段落中左侧的选定区，用鼠标________，可选中整个段落。

A．左键单击　B．左键双击　C．右键单击　D．双键齐压

10．在 Word 2007 文档中，一种定义本块的方法是：把光标移到要定义文本块的起始位置，按住________键后，再按方向键到要定义文本块结束的位置。

A．【Shift】　B．【Tab】　C．【Ctrl】　D．【Alt】

11．在 Word 2007 文档中复制文本要做的两种操作是________。

A．清除→粘贴　B．复制→粘贴　C．剪切→粘贴　D．粘贴→清除

12．关于 Word 2007 的文档窗口进行最小化操作以下描述正确的是_______。

A．将指定的文档关闭

B．关闭文档及其窗口

C．文档的窗口和文档都没关闭

D．将指定的文档从外存中读入，并显示出来

13．若想在 Word 2007 屏幕上显示段落工具栏，应当使用_______。

A．“视图”菜单中的命令　　B．“开始”菜单中的命令

C．“插入”菜单中的命令　　D．“引用”菜单中的命令

14．在 Word 2007 的编辑状态，设置了标尺，只显示水平标尺的视图方式是_______。

A．普通方式　　B．页面方式　　C．大纲方式　　D．Web 方式

15．在 Word 2007 环境下使用的剪贴板是_______。

A．内存中的一块空间　　B．硬盘中的一块空间

C．屏幕上的一块空间　　D．软盘中的一块空间

16．在 Word 2007 中默认对齐方式是_______。

A．左对齐　　B．居中　　C．两端对齐　　D．右对齐

17．在 Word 2007 中选定一行文本的最快捷方法是_______。

A．在行首拖动鼠标至行尾　　B．在该行选定区位置单击

C．在行首双击鼠标　　D．在该行位置单击鼠标右键

18．在 Word 2007 中，可以显示页眉与页脚的视图方式是_______。

A．普通　　B．大纲　　C．页面　　D．全屏幕显示

19．在 Word 2007 的编辑状态，打开文档 AAA，修改后另存为 BBB，则文档 AAA______。

A．被文档 BBB 覆盖　　B．被修改未关闭

C．被修改并关闭　　D．未修改被关闭

20．在 Word 2007 文档中有一段落的最后一行只是一个字符，想把该字符合并到上一行，下述方法中_______无法达到该目的。

A．减小页的左右边距　　B．减小该段落的字体的字号

C．减小该段落的字间距　　D．减小该段落的行间距

21．在 Word 2007 的编辑状态中，要将一个已经编辑好的文档保存到当前文件夹外的另一指定目录中，正确的操作方法是_______。

A．选择“Office”按钮→“保存”命令

B．选择“Office”按钮→“另存为”命令

C．选择“Office”按钮→“退出”命令

D．选择“Office”按钮→“关闭”命令

22．在 Word 2007 的编辑状态中，为了把不相邻的两段文字交换位置，可以采用的方法是_______。

A．剪切　　B．粘贴　　C．复制+粘贴　　D．剪切+粘贴

23．在 Word 2007 的编辑状态，复制当前窗口到剪贴板的快捷键为_______。

A．【Alt+Esc】　B．【Alt+Tab】　C．【Alt+PrintScreen】　D．【Alt+Space】

24．在 Word 2007 的编辑状态，将剪贴板上的内容粘贴到当前光标处，使用的快捷键是

________。

A.【Ctrl+X】　B.【Ctrl+V】　C.【Ctrl+C】　D.【Ctrl+A】

25. 在 Word 2007 中，常用工具栏中“粘贴”按钮呈灰色而不能使用时，表示的是________。

A. 剪贴板里没有内容　B. 剪贴板里有内容

C. 在文档中没有选定的内容　D. 在文档中已选定的内容

26. 在 Word 中有下面段落对齐方式按钮，若将一篇文章的标题居中显示，应单击的按钮是________。

A. ☰　B. ☰　C. ☰　D. ☰

27. 在 Word 2007 中，调整段落左右边界及首行缩进格式的最方便、直观、快捷的方法是________。

A. 菜单命令　B. 工具栏　C. 程式栏　D. 标尺

28. 在 Word 2007 中，格式工具栏上标有“B”字母按钮的作用是使选定对象________。

A. 加粗　B. 倾斜　C. 加下画线　D. 加波浪线

29. 在 Word 2007 中，设置“首字下沉”是在________菜单上。

A. 开始　B. 视图　C. 插入　D. 引用

30. 在 Word 2007 中进行页面设置时，不可以设置________。

A. 纸张大小　B. 字体　C. 字号　D. 打印机型号

31. 在 Word 2007 的编辑状态，要想为当前文档中的文字设定字符间距，应当使用________。

A.“插入”菜单中的工具栏　B.“引用”菜单中的工具栏

C.“视图”菜单中的工具栏　D.“开始”菜单中的工具栏

32. 在 Word 2007 的编辑状态，要想为当前文档中的文字设定动态效果，应当使用格式菜单中的________。

A.“字体”菜单项　B.“段落”菜单项

C.“分栏”菜单项　D.“样式”菜单项

33. 在 Word 2007 的编辑状态，要想为当前文档选择某一种项目编号，应当使用格式菜单中的________。

A.“字体”菜单项　B.“段落”菜单项

C.“项目符号和编号”菜单项　D.“样式”菜单项

34. 在 Word 2007 中，当进行段落格式设置时没有选定段落，则________。

A. 该设置对整个文档有效

B. 该设置只对插入点所在的行有效

C. 该设置只对插入点所在的段落有效

D. 该设置只对插入点所在的页有效

35. 在 Word 2007 中，如果规定某段的首行左端起始位置在该段落其余各行左面，这叫做________。

A. 左缩进　B. 右缩进　C. 首行缩进　D. 悬挂缩进

36. 如果文档中某一段与其前后两段之间要求有较大间隔，最好的解决方法是________。

A. 在每两行之间用按回车键的办法添加

B．在每两段之间用按回车键的办法添加

C．用“段落”格式设定来增加段距

D．用字符格式设定来增加段距

37．在 Word 2007 的编辑状态，选择了文档全文，若在“段落”对话框中设置行距为 20 磅的格式，应当选择“行距”列表框中的______。

A．单倍行距　B．1.5 倍行距　C．固定值　D．多倍行距

38．在 Word 2007 的编辑状态，对当前文档中的文字进行“字数统计”操作，应当使用的菜单是______。

A．“编辑”菜单　B．“Office”按钮　C．“视图”菜单　D．“工具”菜单

39．在 Word 2007 中对文档进行打印预览，可以选择工具栏上的______图标按钮。

A．　B．　C．　D．

40．在 Word 的编辑状态，要想在插入点处设置一个分页符，应当使用“插入”菜单中的______。

A．“分隔符”菜单项　B．“分页符”　菜单项

C．“符号”　菜单项　D．“对象”　菜单项

41．在 Word 2007 的编辑状态，选择了当前文档中的一个段落，进行“清除”操作（或按【Del】键），则______。

A．该段落被删除且不能恢复

B．该段落被删除，但能恢复

C．能利用“回收站”恢复被删除的段落

D．该段落被移到“回收站”内

42．在 Word 2007 的编辑状态，打开了一个文档，进行“保存”操作后，该文档______。

A．被保存在原文件夹下　B．可以保存在已有的其他文件夹下

B．可以保存在新建文件夹下　D．保存后文档被关闭

43．在 Word 2007 的表格编辑状态，利用下列______中的菜单项可以选定单元格。

A．“表格”菜单　B．“工具”菜单　C．“格式”菜单　D．“插入”菜单

44．在 Word 2007 的编辑状态，要在文档中添加符号“★”，应当使用______中的菜单项。

A．“Office”按钮　B．“编辑”菜单　C．“格式”菜单　D．“插入”菜单

45．在 Word 2007 的编辑状态，进行“替换”操作时，应当使用______中的菜单项。

A．“工具”菜单　B．“视图”菜单　C．“格式”菜单　D．“编辑”菜单

46．在 Word 2007 的编辑状态，按先后顺序依次打开了 d1.doc、d2.doc、d3.doc、d4.doc 共 4 个文档，当前的活动窗口是______。

A．d1.doc 的窗口　B．d2.doc 的窗口　C．d3.doc 的窗口　D．d4.doc 的窗口

47．在 Word 2007 的编辑状态，在同一篇文档内，用拖动法复制文本时______。

A．同时按住【Ctrl】键　B．同时按住【Shift】键

C．按住【Alt】键　D．直接拖动

48．在 Word 2007 的编辑状态，要设置精确的缩进量，应当使用______方式。

A．标尺　B．样式　C．段落格式　D．页面设置

49．在 Word 2007 的编辑状态，当前编辑文档中的字体全是宋体字，选择了一段文字使之成反白显示，先设定了楷体，又设定了仿宋体，则________。

A．文档全文都是楷体　　B．被选择的内容仍为宋体

C．被选择的内容变为仿宋体　　D．文档的全部文字的字体不变

50．在 Word 2007 的编辑状态，选择了整个表格，执行了“表格”菜单中的“删除行”命令，则________。

A．整个表格被删除　　B．表格中一行被删除

C．表格中一列被删除　　D．表格中没有被删除的内容

51．在 Word 2007 的编辑状态中，被编辑文档中的文字有“三号”、“五号”、“16 磅”、“19 磅”4 种，下列关于所设定字号大小的比较中，正确的是________。

A．“三号”大于“五号”　　B．“三号”小于“五号”

C．“16 磅”大于“19 磅”　　D．字的大小一样，字体不同

52．在 Word 2007 的表格操作中，计算求和的函数是________。

A．Count ( )　　B．Sum ( )　　C．Total ( )　　D．Average ( )

53．在 Word 2007 的编辑状态中，对已经输入的文档进行分栏操作，需要使用的菜单是________。

A．编辑　　B．视图　　C．格式　　D．工具

54．在 Word 2007 的编辑状态中，如果要输入拉丁文本“β”，则需要使用的菜单是________。

A．编辑　　B．插入　　C．格式　　D．工具

55．在 Word 2007 的文档中插入数学公式，在“插入”菜单中应选的菜单项是________。

A．符号　　B．图片　　C．文件　　D．对象

56．在 Word 2007 中，如果要使文档内容横向打印，在“页面设置”中应选择的标签是________。

A．页边距　　B．纸张来源　　C．版式　　D．纸型

57．在 Word 2007 中，有的命令之后带有“…”，当执行此命令后屏幕显示________。

A．常用工具栏　　B．帮助信息　　C．下拉菜单　　D．对话框

58．在 Word 2007 中，有的命令右端带有向右指向的黑色实心三角，当执行此命令后屏幕将显示________。

A．常用工具栏　　B．帮助信息　　C．级联菜单　　D．对话框

59．在 Word 2007 中，有的命令右端显示一个“√”的小方框，表示该命令________。

A．被选定　　B．没有被选定　　C．无效的　　D．不起任何作用

60．在 Word 2007 的文档窗口中，插入点标记的状态是一个________。

A．水平横条线符号　　B．“I”形鼠标指针符号

C．闪烁的黑色竖条线符号　　D．箭头形鼠标指针符号

61．在 Word 2007 中，将鼠标指针移到文档左侧的选定区并且选定整个文档，则鼠标操作是________。

A．单击左键　　B．单击右键　　C．双击左键　　D．三击左键

62．在 Word 2007 中，将整个文档选定的快捷键是________。

A．【Ctrl+A】　　B．【Ctrl+C】　　C．【Ctrl+V】　　D．【Ctrl+X】

63．Word 2007 的查找和替换功能十分强大，不属于其中之一的是________。

A．能够查找文本与替换文本中的格式

B．能够查找与替换带格式及样式的文本

C．能够查找图形对象

D．能够用通配字符进行复杂的搜索

64．在 Word 2007 中，用户可以通过________菜单项对文档设置“打开权限密码”。

A．“插入”菜单中的“对象”

B．“审阅”菜单中的“保护文档”

C．“视图”菜单中的“自定义”

D．“开始”菜单中的“选项”

65．要在 Word 2007 表格的某个单元格中产生一条或多条斜线表头，应该使用________来实现。

A．“表格”菜单中的“拆分单元格”菜单项

B．“插入”菜单中的“分隔符”菜单项

C．“插入”菜单中的“符号”菜单项

D．“表格工具”菜单中的“绘制斜线表头”菜单项

66．在用 Word 2007 对文档进行编辑时，不能在文档中生成 Word 表格的操作是________。

A．使用绘图工具画出需要的表格

B．单击常用工具栏中的“插入表格”按钮

C．使用“表格与边框”工具栏上的“绘制表格”按钮绘制出需要的表格

D．执行“表格”菜单中的“插入表格”菜单项

67．在 Word 2007 表格中，合并单元格的正确操作是________。

A．选定要合并的单元格，按【Space】键

B．选定要合并的单元格，按【Enter】键

C．选定要合并的单元格，选择“工具”菜单中的“合并单元格”菜单项

D．选定要合并的单元格，选择“表格工具”菜单中的“合并单元格”菜单项

68．下列关于 Word 2007 表格功能的描述，正确的是________。

A．Word 20007 对表格中的数据既不能进行排序，也不能进行计算

B．Word 2007 对表格中的数据能进行排序，但不能进行计算

C．Word 2007 对表格中的数据不能进行排序，但可以进行计算

D．Word 2007 对表格中的数据既能进行排序，也能进行计算

69．在 Word 2007 对表格中，对表格的内容进行排序，下列不能作为排序类型的有________。

A．笔画　　B．拼音　　C．偏旁部首　　D．数字

70．在 Word 2007 中，不能够从“插入”菜单的“插图”工具栏中插入的图片是________。

A．公式　　B．剪贴画　　C．艺术字　　D．自选图形

71．在 Word 2007 的“段落”工具栏中，段落对齐方式中没有以下________按钮。

A．两端对齐　　B．上对齐　　C．右对齐　　D．居中对齐

72．在 Word 2007 表格中选定表格的某一列，再从“表格工具”菜单中选择“删除”工具栏，将________。

A．删除这一列，即表格将少一列

B．删除该列各单元格中的内容

C．删除该列中第一个单元中的内容

D．删除该列中的插入点所在的单元格中的内容

73．以下内容中，不能在 Word 2007 的“打印”对话框中进行设置的是_______。

A．起始页码　B．打印份数　C．页码位置　D．打印范围

74．在 Word 2007 的编辑状态中，若设置一个文字格式为下标形式，应使用“开始”菜单中的工具栏为_______。

A．段落　B．字体　C．文字方向　D．组合字符

75．在 Word 2007 的编辑状态打开了一个文档，对文档做了修改，进行“关闭”文档的操作后_______。

A．文档被关闭，并自动保存修改后的内容

B．文档不能关闭，并提示出错

C．文档被关闭，修改后的内容不能保存

D．弹出对话框，并询问是否保存对文档的修改

76．在 Word 2007 中设定打印纸张大小时，应当使用的命令是_______。

A．“开始”菜单中的“打印预览”命令

B．“视图”菜单中的“页面”命令

C．“页面布局”菜单中的“纸张大小”命令

D．“视图”菜单中的“页面”命令

77．用 Word 2007 建立表格时，单元格可以输入的信息是_______。

A．只限于数字形式

B．只限于文字形式

C．只限于文字和数字形式

D．为文字、数字和图形等形式

78．在 Word 2007 中，选中文档中的图片后，将鼠标指针移动到图片的右上角按住鼠标左键向左下方拖动_______。

A．图片变大　B．图片变小　C．图片移动位置　D．图片变扁

79．在 Word 界面上，当单击菜单栏上的“Office”按钮，其左侧列出的文档名是_______。

A．当前被 Word 打开的那个文档名

B．当前被 Word 打开的所有文档的文档名

C．最近被 Word 打开或打开过的文档名

D．最近被 Word 打开过但已经关闭的文档名

80．以下关于表格边框线的说法不正确的是_______。

A．可以使用“表格工具”设置边框线

B．表格一定有边框线

C．可以使用“表格自动套用格式”设置边框

D．建立新表格自动产生边框线

81．单击 Word 2007“插入”菜单栏上的_______工具栏，可以建立表格。

A．图表　　　　　　　　　　　　　　B．插入 Microsoft Excel 工作表

C．表格　　　　　　　　　　　　　　D．绘图

82．在 Word 2007 普通视图中，单击窗口右下面的“页面视图”图标按钮，会自动切换到_______。

A．Web 版式视图　　B．大纲视图　　C．页面视图　　D．阅读版式视图

83．在 Word 2007 的段落对齐方式中，分散对齐和两端对齐的区别表现在_______。

A．整个段落　　B．首行　　C．第二行　　D．最后一行

84．关于文档打印，下列说法中不正确的是_______。

A．可以打印当前页　　　　　　　　B．可以打印一页或多页

C．只能打印连续页码　　　　　　　D．可以打印指定的页码

85．在 Word 2007 中的“字体”对话框中不能设定文字的_______。

A．缩进　　B．颜色　　C．字符间距　　D．下画线线型

86．在 Word 2007 的_______视图方式下，可以显示分页效果。

A．普通　　B．大纲　　C．页面　　D．主控文档

87．在 Word 2007 的编辑状态，选择“Office”按钮中的“保存”命令后_______。

A．将所有打开的文档存盘

B．只能将当前文档存储在原文件夹内

C．可以将当前文档存储在已有的任意文件内

D．可以先建立一个新文件夹，再将文档存储在该文件夹内

88．在 Word 2007 的编辑状态，连续进行了两次“插入”操作，当单击一次“撤销”按钮后_______。

A．将两次插入的内容全部取消　　　B．将第一次插入的内容全部取消

C．将第二次插入的内容全部取消　　D．两次插入的内容都不被取消

89．把剪贴板中的内容复制到 Word 文档窗口中的插入点处，使用的快捷键是_______。

A．【Ctrl+V】　　B．【Ctrl+N】　　C．【Ctrl+C】　　D．【Ctrl+X】

90．在 Word 2007 的编辑状态，执行“开始”菜单中的编辑工具栏的“全选”菜单项后，_______。

A．插入点所在的段落被选择　　　　B．整个文档被选择

C．插入点所在的行被选择　　　　　D．插入点至文档的首部被选择

91．在 Word 2007 的编辑状态，执行“剪贴板”工具栏中的“粘贴”菜单项后，_______。

A．文档中选择的内容被复制到剪贴板

B．文档中选择的内容被移到剪贴板

C．剪贴板中的内容被清空

D．剪贴板中的内容不变

92．在 Word 2007 的编辑状态，共有 4 个窗口被打开，“窗口”工具栏中显示_______。

A．1 个窗口名称　　　　　　　　　B．2 个窗口名称

C．3 个窗口名称　　　　　　　　　D．4 个窗口名称

93．在 Word 2007 中，当用滚动条改变文本在屏幕上的显示位置时，插入点的位置_______。

A．向上移动　　B．向下移动　　C．不动　　D．与鼠标同步

94. 在 Word 2007 中对打开的文档进行字体、字号的设置后，按新格式显示的是_______。

A. 文档中被选定的字　　B. 插入点所在的段落中的文字

C. 插入点所在行中的文字　　D. 全部文字

95. Word 2007 具有分栏功能，下列说法正确的是_______。

A. 各栏宽必须相同　　B. 各栏宽可以不同

C. 最多可以分 3 栏　　D. 各栏距离是固定的

96. 在 Word 2007 中利用鼠标选定一个矩形区域的文字时，需先按住_______键。

A.【Alt】　　B.【Shift】　　C.【Enter】　　D.【Ctrl】

97. 在打开的不同的 Word 文档间切换，按快捷键_______。

A.【Ctrl+F6】　　B.【Ctrl+Esc】　　C.【Ctrl+Enter】　　D.【Ctrl+Tab】

98. 若将 Word 文档中选定的文本内容设置为斜体字，应单击字体工具栏上的_______。

A. “B”按钮　　B. “I”按钮　　C. “U”按钮　　D. “A”按钮

99. 在 Word 2007 中，下面关于快速访问工具栏上“撤销”按钮所能执行功能的叙述中，正确的是_______。

A. 已经做的所有操作都可以撤销

B. 只能撤销上一次的操作内容

C. 能撤销“可撤销操作列表”中的所有操作

D. 已经做的操作不能撤销

100. 在“打印”对话框中，“页面范围”下的“当前页”项指_______。

A. 第一页　　B. 当前窗口显示页

C. 最后一页　　D. 当前插入点所在页

## 二、多选题

1. Word 2007 工作界面包括_______。

A. Office 按钮　　B. 功能区　　C. 快速访问工具栏

D. 状态栏　　E. 正文区

2. Word 2007 的视图有_______等种类。

A. 普通视图　　B. Web 视图　　C. 页面视图

D. 大纲视图　　E. 备注页视图

3. 下列是一组功能区名，其中_______是 Word 2007 的“开始”功能选项卡。

A. 剪贴板　　B. 打印　　C. 编辑　　D. 发送

E. 样式　　F. 字体　　G. 帮助

4. Word 2007 的“编辑”功能区中主要包括_______等基本操作。

A. 选择　　B. 复制　　C. 粘贴　　D. 插入

E. 定位　　F. 查找　　G. 替换

5. Word 2007 的“开始”功能选项卡中主要包括_______。

A. 字体字形设置　　B. 段落调整　　C. 表格设置

D. 文字排列方向　　E. 项目符号及各种编号

6. Word 2007“开始”功能选项卡的“字体”功能区包括_______等工具按钮。

A．字体　　B．字符间距　　C．字符行距　　D．文字效果

7．Word 2007 视图“显示比例”可按_______的比例显示文档。

A．75%～150%　　B．页面宽度　　C．整页　　D．双页

8．下列功能区中_______是 Word 2007 的一级选项组。

A．编辑　　B．新建　　C．打开　　D．文档视图
E．窗口　　F．样式　　G．符号

9．Word 2007“页面布局”功能选项卡中的“页面设置”功能区中的功能按钮包括_______。

A．文档方向　　B．整篇文档　　C．页面范围　　D．页边距
E．纸张大小　　F．纸张来源　　G．分栏

10．关于 Word 2007 的文档查看视图，下列说法正确的是_______。

A．Word 2007 提供了多种文档查看视图
B．在大纲视图下，可显示正文及其格式
C．在打印预览视图下，可显示正文及其格式
D．在大纲视图下，仅显示文档的各级标题，暂时隐藏正文

11．关于 Word 2007 文档视图的叙述中，正确的是_______。

A．在页面视图下可以一屏显示多页文档
B．在普通视图下可以查看设置好的页码、页眉和页脚
C．只有在页面视图下才可能用标尺调整页边距
D．在普通视图下可以看到图文框中的文字部分，但无法看到其中的图形对象
E．在“打印预览”状态下，可以看到图文框或文本框及其中的所有内容

12．进入 Word 2007 编辑状态后，打开一个已有的 Word 2007 文档可用_______的方法。

A．按【Ctrl+O】组合键再打开选定文件名
B．在“Office”按钮中选择“打开”命令
C．单击快速访问工具栏中的“打开”按钮
D．在“编辑”功能区中打开

13．在 Word 2007 中输入时，以下说法中正确的是_______。

A．可以按【Ctrl+空格键】组合键，在中文与英文之间切换
B．录入文档时应注意插入点的位置，插入处即下一个字符将出现的位置
C．全角、半角方式中的西文字符均以汉字大小显示
D．启动“控制面板”，在“经典视图”方式下，选择“区域和语言”选项在其中进行输入法设置

14．下列操作中，能选择全部文档的是_______。

A．执行“编辑”功能区中的“选择”命令或按【Ctrl+A】组合键
B．将光标移到文档的左边空白处，当光标变成一个空心的大箭头时，按住【Ctrl】键，单击文档
C．将光标移到文档的左边空白处，当光标变为一个空心的大箭头时，连续三击文档
D．将光标移到文档的左边空白处，当光标变为一个空心的大箭头时，双击文档

15．在编辑 Word 2007 文档时，下列有关剪切、复制与粘贴操作的说法，正确的是_______。

A．必须先选定文档中的指定部分才可以做剪切或复制操作

B．做了剪切操作后，当前文档中的选定部分即被删除

C．复制操作可将选定内容直接复制到文档中指定位置

D．做完粘贴操作后，方可做剪切或复制操作

E．做完剪切或复制操作后，方可做粘贴操作

16．要删除 Word 2007 文档中选定的文本块，可以______。

A．在“编辑”功能区中选择“清除”命令 B．在“编辑”功能区中选择“剪切”命令

C．按【Del】键 D．按【Backspace】键

E．按任意键 F．按【Esc】键

17．Word 2007 提供了“查找与替换”功能，可以使用工具按钮，也可使用快捷键______。

A．【Ctrl+F】 B．【Ctrl+G】 C．【Ctrl+H】 D．【Ctrl+S】

18．Word 2007 提供的字形主要包括______等类型。

A．常规 B．标准 C．长型 D．宽型

E．加粗 F．加粗并倾斜

19．如果要将文档中从现在开始输入的文本设置为粗体并有下画线，应当______。

A．在“字体”对话框的字体列表中去选择

B．单击字体功能区上的“B”按钮

C．单击字体功能区上的“U”按钮

D．先单击字体功能区上的“B”按钮，再单击字体功能区上的“U”按钮

20．Word 2007 可利用______对文档中的各种字符进行设置。

A．字体功能区上的“字符缩放”按钮

B．“视图”选项卡中的“缩放”命令

C．“开始”选项卡中的“字体”功能区

D．“插入”选项卡中的“文本”功能区

21．Word 2007 文档中的对齐方式有______。

A．左对齐 B．两端对齐 C．居中 D．右对齐

E．分散对齐

22．下列关于 Word 2007 文档中分页符的说法，正确的是______。

A．Word 2007 文档中有两种分页符：软分页符和硬分页符

B．软分页符和硬分页符都是人工设置的

C．软分页符可以被删除，硬分页符则不能被删除

D．硬分页符可以被删除，软分页符则不能被删除

E．软分页符和硬分页符都能够被删除

23．在 Word 2007 文档中插入页码，可以在______中设置。

A．“页面布局”选项卡中的“页面设置”功能区

B．“编辑”功能区

C．页面视图下，双击页眉页脚处

D．“插入”选项卡中的“页码”按钮

24．在对 Word 2007 文档页面格式化时，不正确的说法是______。

A．页边距是文本区至页边界的距离

B．页边距的设置既可以用标尺，也可用“页面布局”中的“页边距”按钮

C．同一页可设置成不同的打印方向（纵向、横向）

D．要删除页码，先选定页码、然后用“剪切”按钮剪切掉即可

E．行距的设置只能用单倍行距、1.5 倍行距等来设定，不可以用磅值为单位来精确设定

25．在 Word 2007 中，有关样式与模板概念的正确叙述是_______。

A．样式与模板密切相关

B．模板是一种特殊的文档、用来作为生成一份文档的基础

C．样式是不可以修改的

D．所有 Word 2007 文档都是基于模板建立的

E．模板是由系统提供的、用户自己不可以定义

26．下列操作中，操作执行后能在 Word 2007 文档中插入图片的是_______。

A．单击“插入”选项卡中的“图片”按钮

B．单击“剪切/粘贴”其他文件的部分图形或全部图形

C．单击“插入”选项卡中的“文件”按钮

D．单击“插入”选项卡中的“对象”按钮

27．下面对 Word 2007 编辑功能的描述中正确的是_______。

A．Word 2007 可以开启多个文档编辑窗口

B．Word 2007 可以插入多种类型的图形文件

C．Word 2007 可以将多种格式的系统日期、时间插入到光标位置

D．使用“编辑”功能区中的“复制”按钮可将已选中的对象复制到光标位置

28．下列说法中正确的是_______。

A．利用 Word 2007 可制作图文并茂的文档

B．打开多个文档窗口时，每个窗口内都有一个插入点光标在闪烁

C．可以利用“剪贴板”将其他应用程序中的图形“粘贴”到所需文档中

D．可通过选择“插入”选项卡中的“图片”按钮，再选择某个图形文件名来插入图片

29．在使用 Word 2007 进行文字编辑时，下面的叙述中正确的是_______。

A．Word 2007 可将正在编辑的文档另存为一个纯文本（TXT）文件

B．使用“Office”按钮中的“打开”命令可以打开一个已存在的 Word 2007 文档

C．打印预览文档时，打印机必须是已经开启的

D．Word 2007 允许同时打开多个文档

30．有关 Word 2007 图形对象的处理，正确的说法是_______。

A．Word 2007 只支持 BMP 格式的图形格式

B．当向文档中插入一张图片时，只能选择链接式插入或嵌入式插入，不能同时既是链接式又是嵌入式插入

C．同文本和表格一样，在编辑或处理一个图形对象之前，要先选定它

D．按【PrintScreen】键再按下【Ctrl+V】组合键可以将全屏幕画面插入到文档中

E．仅以链接方式插入文档的图片，在文档中不能对它进行编辑

31．下列有关 Word 2007 文本框的说法，正确的是_______。

A．通过在各文本框间建立链接关系，可使文字从文档中的一个部分排到另一部分

B．文本框不可以转换为图文框

C．图文框可以转换为文本框

D．可以通过“插入”选项卡上的“文本框”按钮对文本框进行格式设置

E．可以用“页面布局”中的“文字方向”按钮改变文本框中的文字方向

32．在 Word 2007 中，有关对表格的处理，下列叙述中不正确的是_______。

A．表格中可以输入文字、数字、图形，但是不能输入为一个表格

B．使用“表格”、“绘制表格”命令，可以绘制不规则的复杂表格

C．Word 2007 可以将表格转换成文本

D．表格一旦建立好，就只能删除表中内容，而无法删除表格本身

E．编辑表格时，可以将同一行中的单元格合并为一个单元格，但不可以将同一列中的多个单元格合并为一个单元格

33． Word 2007 表格中，数据的对齐方式有_______等。

A．左对齐　　B．居中　　C．右对齐　　D．分散对齐

E．两端对齐

34．打印 Word 2007 文档时，有下列页面选择方式中的_______。

A．打印当前页　　B．打印指定页　　C．打印连续的若干页

D．打印不连续的若干页　　E．打印奇数页　　F．打印偶数页

## 三、填空题

1．Word 2007 的文档以文件形式存放于磁盘中，其文件默认扩展名为__________。

2．在 Word 2007 中，如果要对文档内连续的内容进行编辑，都要先进行_________操作。

3．在 Word 2007 中，__________是依据已知的关键字（词）串，在文档中查找其出现位置的操作；而文档的____________则是将已知的关键字（词）串替换成需要的其他内容的操作。

4．Word 2007 将表格中的每个方框称为____________。

5．在 Word 2007 提供了 5 种文档视图模式，在__________模式下可以显示正文及其页面格式。

6．在 Word 2007 中，显示或隐藏工具栏应使用__________。

7．在 Word 2007 中，要打开最近使用过的文档，可在_________按钮左部单击文档名。

8．Word 2007 保存文件的时间间隔可以通过执行________菜单中的“Word 选项”命令，在弹出的对话框中选择“保存”选项卡来设置。

9．在 Word 2007 中，若想输入特殊的符号，应当使用__________菜单中的命令。

10．在 Word 2007 的编辑状态，若要将磁盘中文件 a.docx 的文档内容插入到当前文档中，应当使用“插入”菜单中的文本工具栏中的_________命令。

11．在 Word 2007 的编辑状态，若要统计当前文档中的字数，应当使用_________菜单中的命令。

12．在 Word 2007 中，首次保存文件时选择“Office”按钮中的“保存”命令，会弹出_________对话框。

13．在 Word 2007 文本编辑区中有一个闪烁的竖线，它是__________。

14．在 Word 2007 中，用菜单的方法删除、复制、移动文本等操作，应当使用__________菜单。

15．在 Word 2007 的“分隔符”对话框中，能设置的分隔符有________、分栏符、________、换行符。

16．在 Word 2007 中的段落缩进方式有__________、__________、左缩进和右缩进等几种。

17．在 Word 2007 中，为了使打印出来的页面与显示的相同，选择_________方式。

18．Word 2007 提供了许多方便的工具栏，显示或隐藏这些工具栏，可以从_________菜单中选择_________命令。

19．在 Word 2007 中，创建一个新文档，可以单击快速访问工具栏的__________命令，也可以从“office”按钮中选择__________命令。

20．在 Word 2007 中，文本区的左边有一个______，可以用于快捷键选定文字块。

21．在 Word 2007 中，编辑页眉和页脚，应选择_______视图方式。

22．在 Word 2007 中，如果想在文档中加入页眉和页脚，应当使用______菜单中的“页眉和页脚”工具栏。

23．在 Word 2007 中，如果想修改文档中的页眉和页脚，除了使用“插入”菜单中的“页眉和页脚”工具栏外，还可直接在页面视图下用鼠标_______页眉和页脚处。

24．在 Word 2007 中，如果想设置文档打印时所用的纸张大小和页边距，应当选择_______菜单中“页面设置”命令。

25．在 Word 2007 中，默认情况下格式刷只能进行一次格式复制。如欲将选中内容的格式复制到多处，需要_______“剪贴板”工具栏的“格式刷”按钮，然后即可对相关文字进行格式复制。

26．在 Word 2007 的文本区输入内容时，按【Enter】键将产生______，这个符号中存储着相应段落的格式信息。在复制或移动一个段落时，为保持其格式不变，在选定这个段落时，应将这个符号包含在选定的文字块中。

27．Word 2007 可根据用户对纸张大小的设置进行自动分页，但也允许进行强制分页。将插入点定位在认为有必要进行分页的位置，从“页面布局”菜单中选择______命令，再从弹出的对话框中选择“分页符”单选按钮，单击“确定”按钮，便能在插入点前插入分页符。

28．在 Word 2007 中，字符格式和段落格式的集合称为________。

29．Word 2007 中，在“插入”菜单栏中可以创建________、图文框、自选图形、标注和直线等。

30．Word 2007 中的图片设置中的“颜色模式”共有 4 种，分别是褐色、灰度、黑白和__________。

31．Word 2007 中，利用“表格工具”工具栏中的“擦除”按钮，使鼠标指针变为_______，将其移到要擦除的线条的一端，拖动鼠标到另一端，放开鼠标即可擦除________的线段。

32．Word 2007 中要设置表格线的粗细，可使用“表格工具”菜单栏中的_________。

33．在 Word 2007 中，进行排序可以通过“表格工具”菜单栏中的“__________”工具栏中的“__________”按钮，对表格中的列按字母、数字或日期进行排序。

34．Word 2007 对表格中的数据既能进行________，也能进行________。

35．在一个 Word 2007 的表格中，保存有不同人员的数据，现在需要把全体人员按部门分类集中，则在“表格”菜单中，对部门名称使用__________命令就可以实现。

36．在 Word 2007 的表格编辑状态，若要将当前表格分为两个表格，应当使用“表格工具”菜单中________的命令。

37．Word 2007 中，改变表格行高或列宽的最快捷的方法是用鼠标________表格线。

38．在 Word 2007 中，设置表格的边框线，可以使用“表格工具”菜单中的________工具栏来设置。

39．在 Word 2007 的编辑状态，若要将磁盘中文件 A.bmp 的图形放到当前文档中，应当使用“插入”菜单中的________命令。

40．在 Word 2007 编辑状态，要设置图片的图文环绕效果，应先________该图片，再选择“图片”菜单中的“格式”命令。

## 四、判断题

(　　) 1．在 Word 2007 中，第一次保存文档时，使用“Office”按钮下的“保存”和“另存为”命令效果是相同的。

(　　) 2．Word 2007 比 Word 2000 新增了阅读版式视图。

(　　) 3．在 Word 2007 中，查找操作可以无格式或带格式进行，但不能使用任何通配符进行查找。

(　　) 4．在 Word 2007 中，表格可以转换成文本但是文本不能转换成表格。

(　　) 5．在 Word 2007 中，表格的拆分可以从某两行之间分为上、下两个表格，也可以从某两列之间分为左、右两个表格。

(　　) 6．在 Word 2007 的编辑状态，按住【Ctrl】键，可以选择多个文本。

(　　) 7．在 Word 2007 中，两个相邻都有内容的段中，删除前一段的段落标记后，两段合为一段，前一段采用了后一段的格式。

(　　) 8．在 Word 2007 中，双击垂直滚动条可以将窗口一分为二。

(　　) 9．在 Word 2007 中，普通视图下只可以看到水平标尺。

(　　) 10．在 Word 2007 中，替换操作可以替换文字、标点符号、文字格式。

(　　) 11．在 Word 2007 的编辑状态，不能仅复制文字的字体、字号、字形等格式。

(　　) 12．在 Word 2007 中，取消菜单选择的快捷键为【Esc】。

(　　) 13．Word 2007 格式工具栏上有两端对齐、居中对齐、右对齐和分散对齐 4 个按钮，文档默认的对齐方式为左对齐。

(　　) 14．在 Word 2007 中“打开”文档的含义是将制定的文档从内存中读入，并显示出来。

(　　) 15．在 Word 2007 的编辑状态下，文档窗口显示出水平标尺，拖动水平标尺上沿的“首行缩进”滑块，则文档中被选择的各段落的首行起始位置都重新确定。

(　　) 16．在 Word 2007 中打开文档时，可以打开文本文件但不能打开 Word 2007 以下版本建立的文档。

(　　) 17．在 Word 2007 选择图形时按住【Shift】键依次单击各个图形，可以选择多个图形。

(　　) 18．在 Word 2007 窗口中除了“字体”工具栏，其余工具栏都可以隐藏起来。

(　　) 19．在 Word 2007 中执行了“复制”或“剪切”操作后，所选的内容被放到剪贴板中，剪贴板是硬盘中的一块区域。

(　　) 20．在 Word 2007 中选定文字块时，若块中包含的文字有多种字号，在格式工具栏的“字号”框中将显示一片空白。

## 五、实践应用

### 实践一

（一）效果图

第三章　文字处理系统

文字信息处理技术正进行着一场革命性的变革，用 ☻ ▣ ⚠ ◈，编辑文稿、排版印刷、管理文档，是五彩缤纷的高效实用新技术的一些具体内容。

优秀的文字处理软件能使用户方便自如地在计算机上编辑，修改文章，这种便利是与在纸上写文章所无法比的。本章着重介绍了当前流行的文字处理软件中文 Word 2000，也简要介绍 Wps 2000。

3 . 1 　W o r d 　2 0 0 0 概 述

1990年 Microsoft公司推出的 Windows 3.0是一种全新的图形化用户界面的操作环境，受到软件开发者的青睐。Word 充分利用 Windows 良好的图形界面特点，将文字处理和图表处理功能结合起来，实现了真正的“所见即所得（Wysiwyg）”。

文字信息处理技术正进行着一场革命性的变革，用电脑打字，编辑文稿，排版印刷，管理文档，是五彩缤纷的高效实用新技术的一些具体内容。优秀的文字处理软件能使用户方便自如地在计算机上编辑，修改文章，这种便利是与在纸上写文章所无法比的。本章着重介绍了当前流行的文字处理软件中文 Word 2000。也简要介绍 Wps 2000。

Word 功能

※文件管理　　※表格处理

※文字编辑　　※图文混排

※版面设计　　※制作 Web 主页

效果图

（二）实践要求

1．输入以下内容（段首暂不要空格），并以 W1.DOCX 为文件名（保存类型为“Word 文档）保存在软盘（U 盘或当前文件夹）中，然后关闭该文档。

**文字信息处理技术正进行着一场革命性的变革，用电脑打字、编辑文稿、排版印刷、管理文档，是五彩缤纷的高效实用新技术的一些具体内容。优秀的文字处理软件能使用户方便自如地在计算机上编辑、修改文章，这种便利是与在纸上写文章所无法比的。本章着重介绍了当前流行的文字处理软件中文 WORD 2000，也简要介绍 WPS 2000。**

**1990 年 MICROSOFT 公司推出的 WINDOWS 3.0 是一种全新的图形化用户界面的操作环境，受到软件开发者的青睐。WORD 充分利用 WINDOWS 良好的图形界面特点，将文字处理和图表处理功能结合起来，实现了真正的“所见即所得（WYSIWYG）”。近年来，MICROSOFT 公司对 WORD 的功能不断改进，先后推出 WORD 5.0 、WORD 6.0、 WORD 97 和 WORD 2000。随着版本的不断更新，功能更强，使用更方便，成为当前流行的文字处理软件之一。**

2．打开所建立的 W1.DOCX 文件，在文本的最前面插入一行标题“第三章　文字处理系统”，在两段之间加标题“3.1 Word 2000 概述”。

3．使“近年来，MICROSOFT 公司……软件之一。”另起一段；将后面两段正文互换位置；然后将正文的第一段复制到文档的最后。

4．将文本中所有英文单词的字母更改为红色并加着重号：

要将所有英文字母改为红色并加着重号，只要在“编辑|替换”对话框中，先将插入点定位在“查找内容”文本框，单击“高级”按钮和“特殊字符”按钮，选择“任意字母”命令，这时在“查找内容”文本框显示“^$”符号，表示任意字母；然后将插入点定位在“替换为”文本框，单击“格式”按钮后选择“字体”命令，在其对话框中进行格式设置。

5．利用拼写检查功能检查所输入的英文单词是否有拼写错误，如果存在拼写错误，将其改正。

6．将文档以原名（W1.DOCX）保存到磁盘；分别以“页面、大纲\普通、打印预览”等不同的显示方式显示文档，观察各自显示的特点。

7．将标题“第三章　文字处理系统”设置为“标题 3”样式、居中、方正舒体，加如效果图所示的 2.25 磅的阴影边框；将小标题“3.1 Word 2000 概述”设置为“标题 5”样式，并将小标题分散对齐。

8．利用格式刷将原红色的、有着重号的字母设置成与其他字符相同的格式；将正文首行缩进 2 个汉字、小四号字、楷体、所有英文字体设置为 Arial Black。

英文字体设置为 Arial Black，只要选中所有的内容，在“格式”工具栏的“字体”列表框中选择所需的字体，这时仅作用于英文。

9．将第一段前面的“文字信息处理”这几个字设置为如效果图所示的拼音标注，拼音为 12 磅大小；将“电脑打字”设置为如效果图所示的带圈字符，并选择“增大圈号”；将第二行内容改为繁体字；将第三行的“文字处理软件”设置为“华文彩云”字体、加框、加字符底纹、字符放大到 200%、字为红色。利用“格式”→“中文版式”对应的命令可对选中的中文加拼音标注、对文字加圈；利用“常用”工具栏的“中文简繁转换”

进行相应的转换。

10．将正文第二段首字下沉2行；分两栏，加分隔线；加前景为红色的25%底纹。最后一段正文分3栏，第1栏栏宽8个字符（以五号字为标准）、第2栏栏宽10个字。

（1）对于某一段同时进行首字下沉和分栏的操作，若先进行首字下沉，然后进行分栏，则不要将下沉的首字选中，否则分栏命令不可操作；一般先进行分栏后首字下沉较为方便。对文档的最后一段分栏，必须在最后加回车（即一个没有文字的空段落），然后选中要分栏的段落进行所需的分栏（分段落不要选中）。

（2）对三分栏的双线，不是通过分栏中的分隔线实现的（分栏中的分隔线只能是单线、且在栏中间），而是通过加边框线来实现的。

11．在正文最后添加文字："Word 功能：文件管理、文字编辑、版面设计、表格处理、图文混排、制作 Web 主页"。格式为小四号、华文行书字体、字符间距设置为加宽6磅、文字分段；加如效果所示的红色项目符号、分两栏。

## 实践二

### （一）效果图

再别康桥

我悄悄走了，正如我悄悄地来，我挥一挥手，不带走一片云彩。我悄悄走了，正如我悄悄地来，我挥一挥手，不带走一片云彩。我悄悄走了，正如我悄悄地来，我挥一挥手，不带走一片云彩。我悄悄走了，正如我悄悄地来，我挥一挥手，不带走一片云彩。我悄悄走了，正如我悄悄地来，我挥一挥手，不带走一片云彩。我悄悄走了，正如我悄悄地来，我挥一挥手，不带走一片云彩。我悄悄走了，正如我悄悄地来，我挥一挥手，不带走

一片云彩。我悄悄走了，正如我悄悄地来，我挥一挥手，不带走一片云彩。我悄悄走了，正如我悄悄地来，我挥一挥手，不带走一片云彩。我悄悄走了，正如我悄悄地来，我挥一挥手，不带走一片云彩。我悄悄走了，正如我悄悄地来，我挥一挥手，不带走一片云彩。我悄悄走了，正如我悄悄地来，我挥一挥手，不带走一片云彩。我悄悄走了，正如我悄悄地来，我挥一挥手，不带走一片云彩。

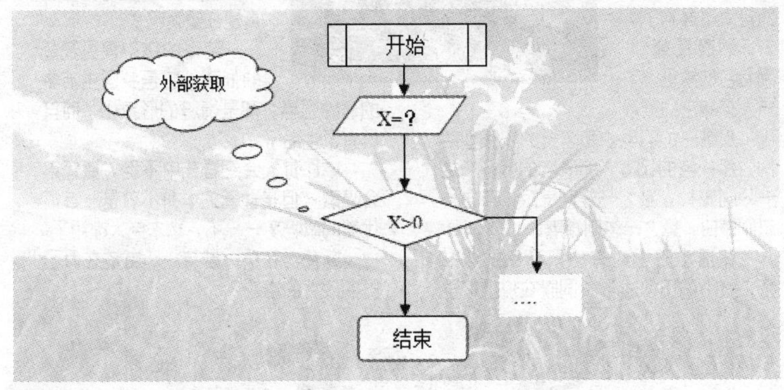


$\int x^2 f(x)dx = \sqrt[3]{x+3}$

效果图1

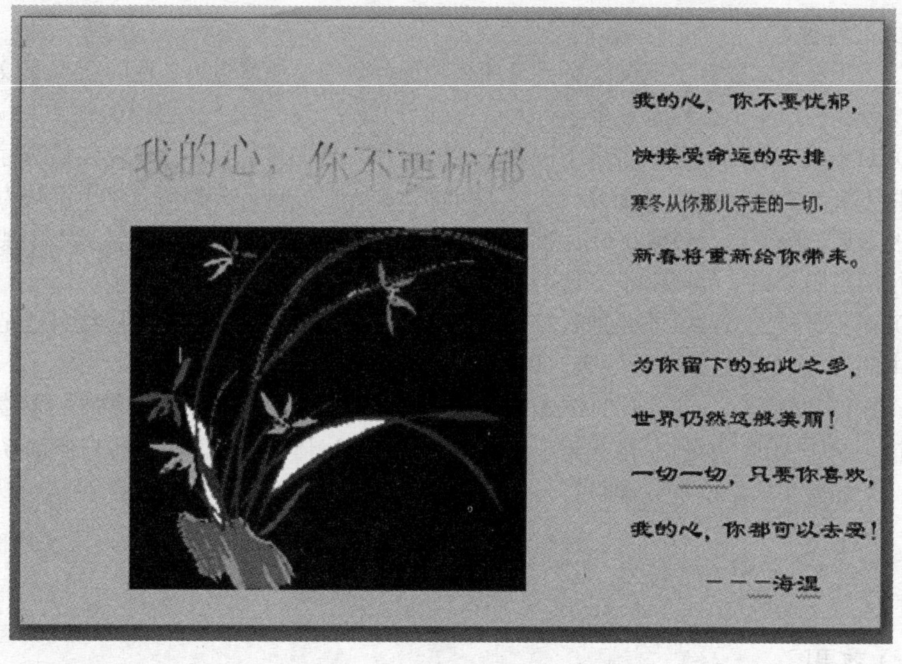


效果图 2

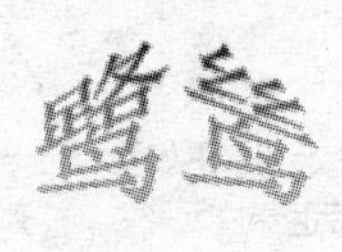

鹭鸶是一首精巧的诗。

色素的配合，身段的大小，一切都很适宜。

白鹤太大而嫌生硬，可不用说，即如粉红的朱鹭或灰色的苍鹭，也觉得大了一些，而且太不寻常了。

然而鹭鸶却因为它的常见，而被人忘却它的美。

那雪白的羽毛，那全身的流线型结构，那铁色的长嘴，那表色的脚，增之一分则嫌长，减之一分则嫌短，素之一忽则嫌白，黛之一忽则嫌黑。

在清水田里时有一只两只站着钓鱼，整个的田便成了一同嵌在琉璃框里的画面。田的大小好象有心人为鹭鸶设计出的镜匣。

晴天的清晨，每每看见它孤独地站立在小树的绝顶，看来象不是安稳，而它却很悠然。这是别的鸟很难表现的一种嗜好。人们说它是在望哨，可它真是在望哨吗？

黄昏的空中偶见鹭鸶的低飞，更是乡居生活中的一种恩惠。那是清澄的形象化，而且具有了生命了。

或许有人会感着美中不足，鹭鸶不会唱歌。但是鹭鸶的本身不就是一首很优美的歌吗？——不，歌未免太铿锵了。

鹭鸶实在是一首诗，一首韵在骨子里的散文的诗。

效果图 3

（二）实践要求

1．新建一个文档，并输入文本“我悄悄走了，正如我悄悄地来，我挥一挥手，不带走一片云彩。”，将文本复制 15 次后分成两栏。

2．图片插入与设置。

（1）插入剪贴画。插入一张剪贴画于文本区，调整它的大小并设置图片为紧密型环绕型格式。

（2）插入图片。插入图片“SUMMER.jpg”（如果没有此图，可另选用其他图片），对图片进行亮度和对比度的调整，并将图片设置成衬于文字下方。

3．艺术字插入与修饰。

在文本上方插入艺术字标题“再别康桥”，按“效果图 1”所示适当调整艺术字的大小和位置。

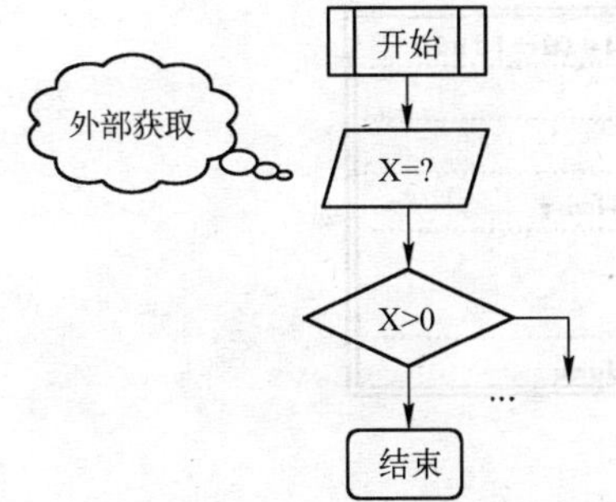


艺术字要求如下：

● 艺术字式样：第 1 行第 5 列。
● 字体：楷体；艺术字形状：模型。
● 阴影样式 19。

4．绘制自选图形。

利用绘图工具栏，绘制如左图所示的程序流程图。

5．输入公式。

在文档尾部输入下列公式：$\int x^2 f(x)\mathrm{d}x = \sqrt[3]{x+3}$。

6．保存文档，命名为 ex4.docx。

7．打开文档“我的心，你不要忧郁.docx”，根据“效果图 2”所示的样式制作一张卡片，要求如下：

● 采用“日式明信片”纸，横排方式摆放。
● 卡片边框为图文框边框，并设浅灰色底纹。
● 标题“我的心，你不要忧郁”采用艺术字，宋体，36 号字。
● 全诗字体为隶书，小三号字，行距为最小值。
● 插入图片“lanhuac”。

**提示**：为使诗体位于卡片右侧，可以在输入诗文后，再用缩进的方法移至右边；落款的对齐方式为居中对齐，破折号可以通过插入符号得到。

8．打开“鹭鸶”一文，制作成“效果图 3”所示的页面效果，要求：

● 标题“鹭鸶”两字为艺术字，正三角形。
● 在标题两侧插入图片“seagulls”，并制作出样文中所示的效果。
● 在“鹭鸶”两个字之间，插入图片“fishig1”，如样文中所示。
● 将文本正文分成两栏，插入分隔线。
● 在两栏之间插入图文框，并设置浅灰色底纹。
● 在图文框中插入图片“strkbby2”，并为图片设置深灰色的填充色。

● 在文档的下方，插入多张“fishy”图片，并设置成样文所示格式。

**提示**：图片“seagulls”和“fishy”必须经过 Windows 附件中的画图处理才能达到样文中所示效果。

## 实 践 三

### （一）效果图

**会 议 记 录**

| 日　　期 | 2008/5/16 | 时　　间 | 14:00—16:00 |
|---|---|---|---|
| 地　　点 | 八楼营销部会议室 | | |
| 出 席 人 员 | Tony, John, Sam, Amanda, Jason, Henry | | |
| 主　　席 | Tony | 记　　录 | Henry |
| 议　　题 | 1　国内市场业绩增长趋势检讨<br>2　客户服务产品新功能可行性讨论 | | |
| 下 次 会 议 时 间 | 2008/5/30 | 召 集 人 | John |

**会议讨论**

➢ 议题一．国内市场业绩增长趋势检讨

1　本季（到五月中旬）业绩已较上一季业绩增长 30%，显示增加新功能后的第二代产品获得客户普遍肯定，本月底已确定可达到业绩目标。

2　新增的客户主要集中在半导体与电子制造业，但目前市场占有率与竞争者仍落后了 20%。

3　经过本月初 John 主持的市场电话调查结果，发现客户对于进口品牌的竞争者仍有品牌崇拜倾向，应加强建立本公司品牌形象的市场活动。

4　由 Sam 于一周内拟定下一季的品牌市场活动计划草案 E-mail 给各位，并于下次会议中提出讨论。

| 负责人 | Sam | 追踪日期 | 2008/5/23 |
|---|---|---|---|

➢ 议题二．客户服务产品新功能可行性讨论

A　增加行动商务功能

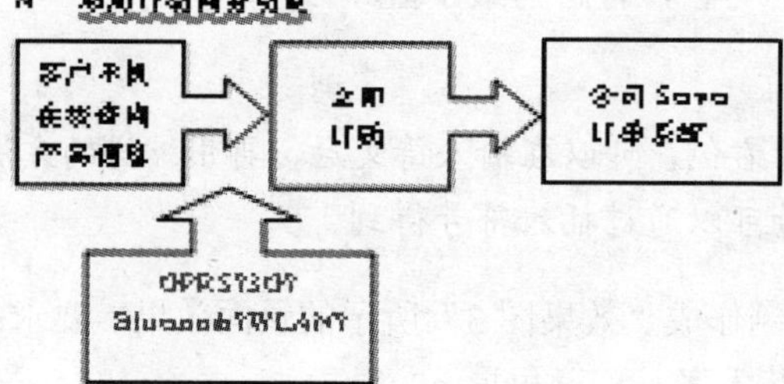


效果图 1

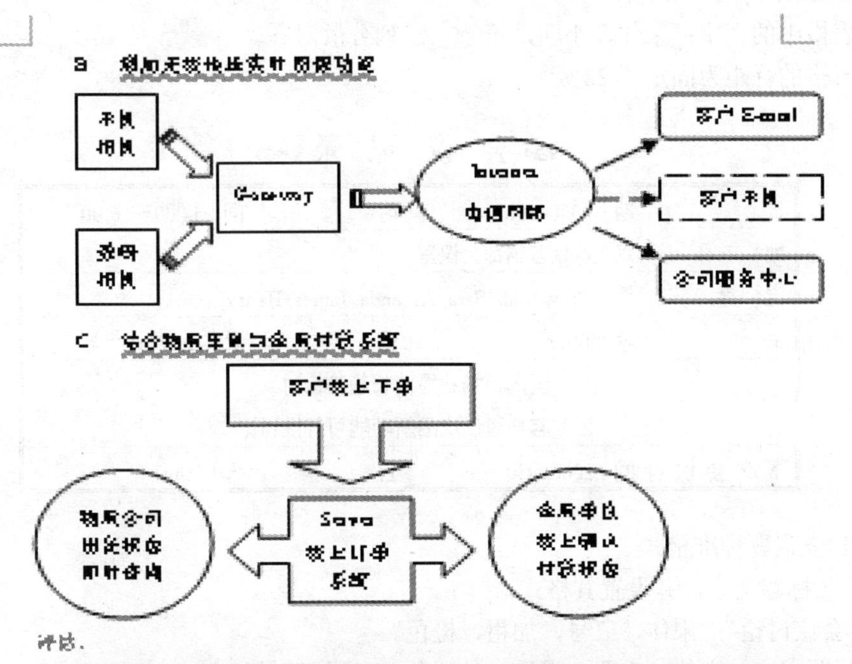


评估：

1　A 功能开发成本过高，且目前业界尚无可靠稳定的技术，暂不考虑。

2　B 功能在安全监控市场极具发展潜力，市面上已有类似产品将于六月份上市，由 Jason 与研发部门确认技术可行性后，拟将加入第二版功能。

3　C 功能须和 ABC 与 XYZ 两家协助厂商讨论合作，本项目由 Amanda 负责规划，Henry 协助，并由 Amanda 邀请这两家公司于下周到公司进行讨论，于下次会议提出规划草案报告。

| 负责人 | Jason<br>Amanda | 追踪日期 | 2008/5/30<br>2008/5/16 |
|---|---|---|---|

➢　临时提议：建立营销部门与研发部门定期交流机制

1　目前有多项新产品开发计划交由研发部门执行中，需要建立与研发部门的定期交流机制，以使营销部门对产品开发进度与功能的了解。

2　由 Tony 与研发部主管订出每月一次 2 小时交流时间，由研发部门报告产品开发进度并展示新产品功能。

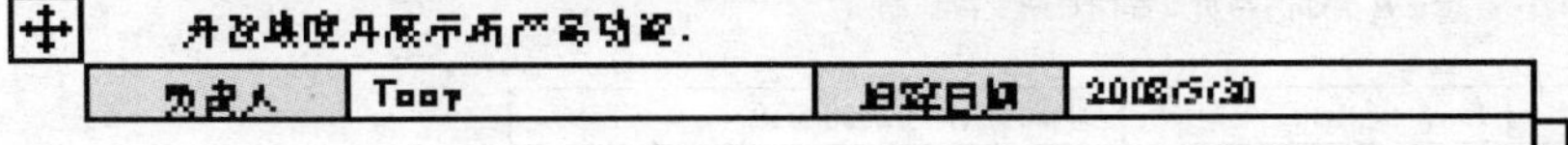

| 负责人 | Tony | 追踪日期 | 2008/5/30 |
|---|---|---|---|

效果图 2

## （二）实践要求

1．标题处理

（1）输入标题文字“会议记录”，并设置其格式为宋体、小二、加粗、居中对齐。

（2）在标题前后加上装饰符号“☙”和“❧”。

2．插入固定资料表格

绘制如下图所示的表格。

● 表格中的文字：宋体，小四，第一、三列分散对齐。
● 表格的行距为固定值22磅。

会 议 记 录

| 日期 | 2008/5/16 | 时间 | 14:00～16:00 |
|---|---|---|---|
| 地点 | 八楼营销部会议室 | | |
| 出席人员 | Tony, John, Sara, Amanda, James, Henry | | |
| 主席 | Tony | 记录 | Henry |
| 议题 | 1. 国内市场业绩消长趋势检讨<br>2. 客户建议产品新功能可行性讨论 | | |
| 下次会议时间 | 2008/5/30 | 召集人 | John |

3．建立议题标准格式

输入各标题文字，并设置其格式：

●“会议讨论”：宋体，三号，加粗，橙色。
● 标题文字：宋体，小四，褐红，加红色➢项目符号。
●“评估”：宋体，小四，深黄。

会 议 讨 论

➢ 议题一：国内市场业绩消长趋势检讨

| 负责人 | Sara | 追踪日期 | 2008/5/23 |
|---|---|---|---|

➢ 议题二：客户建议新功能可行性讨论

评估：

| 负责人 | James<br>Amanda | 追踪日期 | 2008/5/30<br>2008/5/16 |
|---|---|---|---|

➢ 临时建议：建立营销部门与研发部门定期交流机制

| 负责人 | Tony | 追踪日期 | 2008/5/30 |
|---|---|---|---|

4．输入会议内容

（1）输入“议题一”内容文字，并设置其格式：宋体，小四，用红色将会议中提及的重要数字标识出来，表示特别强调；加如图所示编号。

会 议 讨 论

➢ 议题一：国内市场业绩消长趋势检讨

1. 本季（到五月中旬）业绩已较上一季业绩增长30%，显示增加新功能后的第二版产品获得客户普遍肯定。本月份已确定可达到业绩目标。
2. 新增的客户主要集中在半导体与电子制造业，但目前市场占有率与竞争者仍然差了20%。
3. 经过本月初John主持的市场电访调查结果，发现客户对于进口品牌的竞争者仍有品牌崇拜倾向，应加强建立本公司品牌形象的市场活动。

4. 请 Sara 于一周内拟定下一季的品牌市场活动计划草案 E-mail 给各位，并于下次会议中提出讨论。

| 负责人 | Sara | 追踪日期 | 2008/5/23 |
|---|---|---|---|

（2）输入“议题二”的内容文字，并为其设置如效果图所示格式。

➢ 议题二：客户建议新功能可行性讨论

A. 增加行动商务功能

B. 增加无线传送实时图像功能

C. 结合物流车队与金流付款系统

（3）输入“评估”标题的内容文字，并为其设置如效果图所示格式。

评估：

1. A 功能开发成本过高，且目前业界尚无可靠稳定的技术，暂不考虑。
2. B 功能在安全监控市场接受度颇有潜力，市面上已有类似产品将于六月份上市，请 James 与研发部门确认技术可行性后，规划加入第三版功能。
3. C 功能须和 ABC 与 XYZ 两家协助厂商讨论合作，本项目由 Amanda 负责规划，Henry 协助，并请 Amanda 邀请这两家公司于下周到公司进行讨论，于下次会议提出规划草案报告。

（4）输入“临时建议”标题的内容文字，并为其设置如效果图所示格式。

➢ 临时建议：建立营销部门与研发部门定期交流机制

1. 目前有多项新产品开发计划交由研发部门进行中，建议建立与研发部门的定期交流机制，促进营销部门对产品开发进度与功能的了解。
2. 请 Tony 与研发部主管订出每月一次 2 小时交流时间，由研发部门报告产品开发进度并展示新产品功能。

| 负责人 | Tony | 追踪日期 | 2008/5/30 |
|---|---|---|---|

5. 绘制功能说明图

（1）绘制 A 功能说明图。

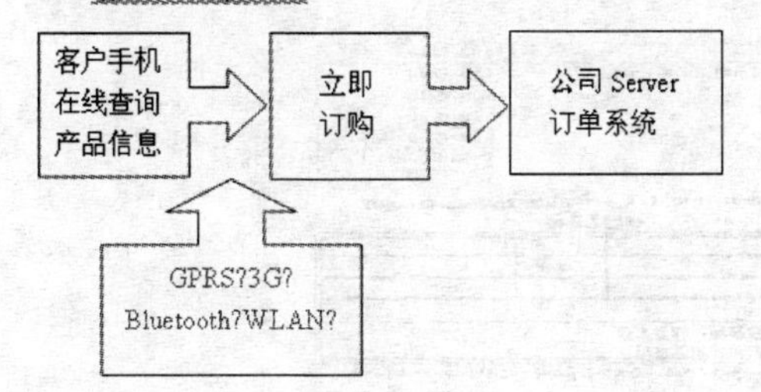


（2）绘制 B 功能说明图。

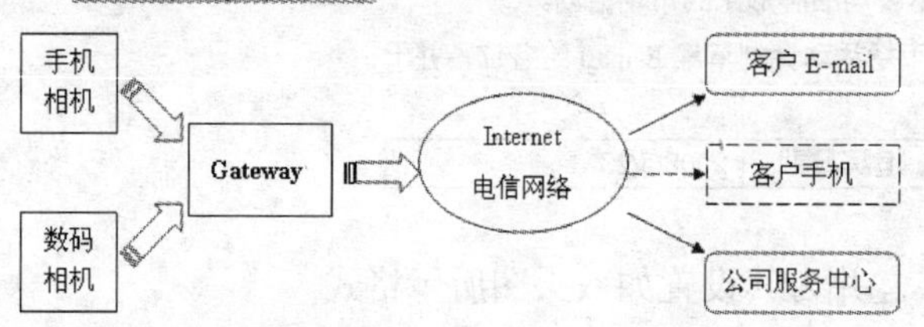


（3）绘制 C 功能说明图。

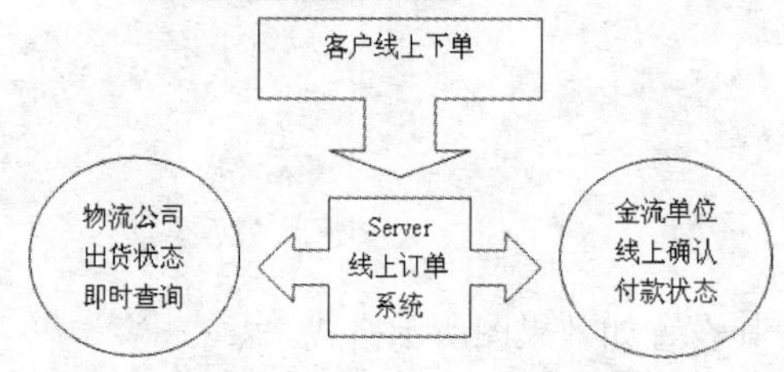


6．插入页码

插入页码：位置在页面底端，居中。

## 实　践　五

### （一）效果图

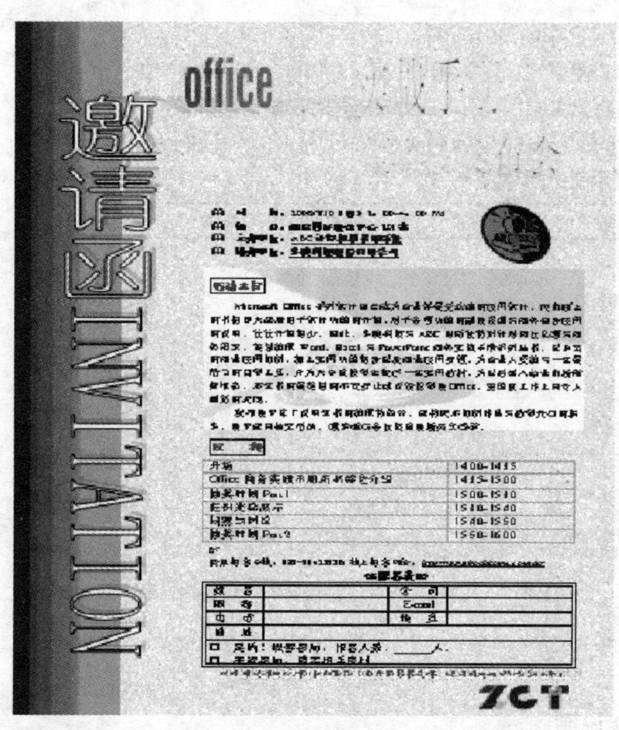


效果图

（二）实践要求

创建一个空白文档，将其以“邀请函.doc”为文件名保存在计算机中。

1．设置页面背景

（1）用“新闻纸”纹理作为文档背景。

（2）在页面左边绘制一个与页面长度相同的矩形，作为装饰颜色块：

- 填充效果：双色，并设置“颜色 1”为“酸橙色”，“颜色 2”为“橄榄色”；“垂直”底纹样式。
- 线条颜色：无线条颜色。

2．制作标题

（1）绘制艺术字“邀请函 INVITATION”：第一行第一列样式，字体为 Impact，字号为 54，粗体，竖排，浮于文字上方，阴影样式 2。参照效果图将其移至适当的位置并改变其大小。

（2）绘制艺术字“office 商务实战手册”：第三行第四列样式，字体为 Impact，字号为 36，粗体，浮于文字上方。参照效果图将其移至适当的位置并改变其大小。

（3）复制艺术字“office 商务实战手册”，改变输入的文字为“新书发布会”。参照效果图将其移至适当的位置并改变其大小。

3．撰写文本

（1）如下图所示，绘制一个文本框：无线条颜色，无填充颜色。

时　　间：2008/7/10（四）2：00~4：00 PM

地　　点：南京国际会议中心 201 室

主办单位：ABC 计算机图书出版社

协办单位：华康科技股份有限公司

活动主旨

Microsoft Office 系列软件包已成为企业界最受欢迎的应用软件，但市面上的书籍却大都局限于软件功能的介绍，对于各项功能的融会贯通与商务整合应用的说明，往往介绍很少。因此，华康科技与 ABC 出版社特别针对岗位必须与商务需求，策划编撰 Word、Excel 与 PowerPoint 商务实战手册系列丛书，以丰富的商业应用范例、加上实用功能结合以及商业应用要领，为企业人员编写一套最恰当的自学工具，并为大专院校学生提供一套实用教材，为以后进入就业市场做好准备。本套书的最终目的不仅要让读者轻松学会 Office，更能在工作上有令人激赏的表现。

发布会中除了说明套书的编撰特色外，还将展示范例作品与教学光盘的精华，会中还有抽奖活动，诚挚邀请各位莅临会场共享盛举。

议　程

| | |
|---|---|
| 开场 | 14:00~14:15 |
| Office 商务实战手册新书特色介绍 | 14:15~15:00 |
| 抽奖时间 Part 1 | 15:00~15:10 |
| 范例光盘展示 | 15:10~15:40 |
| 问题与讨论 | 15:40~15:50 |
| 抽奖时间 Part 2 | 15:50~16:00 |

（2）输入活动的基本资料文本，并设置其格式：

- 宋体，小四，加粗，左对齐。
- 添加项目符号“🕮”，蓝色，项目符号位置和文字位置如下图所示。

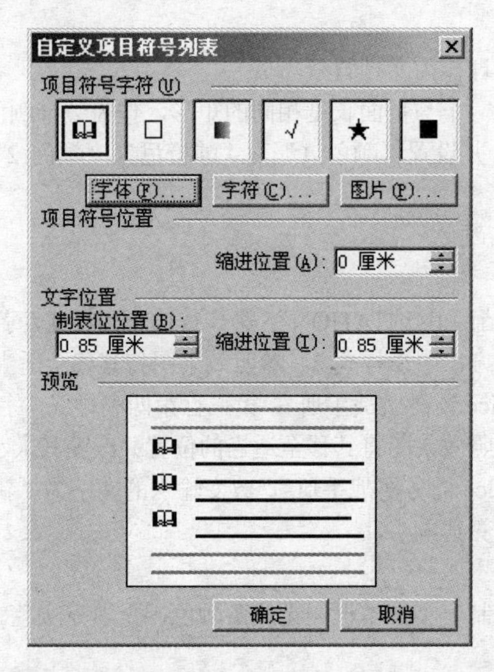


（3）插入“素材/活动主旨.doc”，并设置其格式。

- “活动主旨”标题的颜色为宋体，小四，绿色，粗体，字符边框。
- “活动主旨”内容为宋体，小四，首行缩进 2 个字符。

（4）撰写议程内容，并设置其格式。

- “议程”标题的格式同“活动主旨”标题。
- 绘制如上页图所示的表格：表格中议程内容的文字颜色为深红色，小四；整个表格无边框线，每行的下框线为“酸橙色”。

4．制作报名表

（1）如下图所示绘制一个文本框：无线条颜色，无填充色。

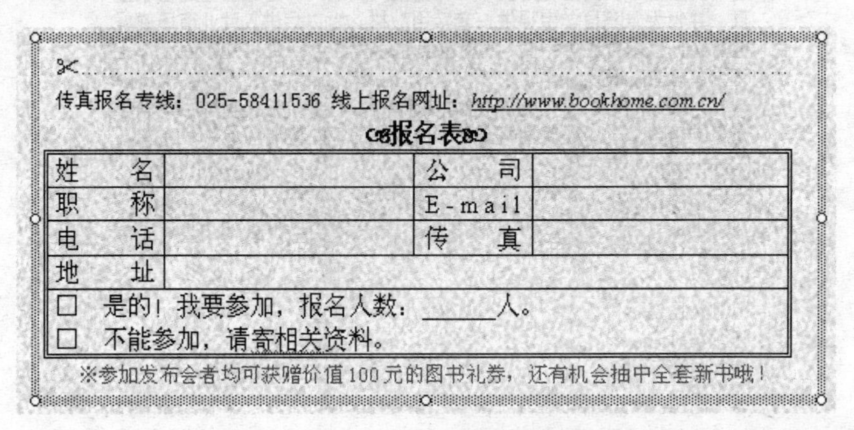

✂……………………………………

传真报名专线：025-58411536 线上报名网址：http://www.bookhome.com.cn/

报名表

| 姓　　名 | | 公　　司 | |
|---|---|---|---|
| 职　　称 | | E-mail | |
| 电　　话 | | 传　　真 | |
| 地　　址 | | | |
| □　是的！我要参加，报名人数：＿＿＿人。 | | | |
| □　不能参加，请寄相关资料。 | | | |

※参加发布会者均可获赠价值 100 元的图书礼券，还有机会抽中全套新书哦！

（2）输入“报名表”标题，并将其设置为宋体，小四，加粗，居中对齐，然后在前后插入装饰性符号“☙”和“❧”。

（3）制作如上图所示的表格：表格中的内容“分散对齐”。

（4）在“报名表”标题行的上方输入传真线电话、报名网址：宋体，10 号。

（5）在“报名表”的下方输入抽奖活动内容：宋体，10 号，红色，居中，“七彩霓虹”动态效果。

（6）在报名表与活动内容中间增加一条装饰性横线。

5．增加插图

**时　　间：2008/7/10（四）2：00~4：00 PM**
**地　　点：南京国际会议中心 201 室**
**主办单位：ABC 计算机图书出版社**
**协办单位：华康科技股份有限公司**

**活动主旨**

Microsoft Office 系列软件包已成为企业界最受欢迎的应用软件，但市面上的书籍却大都局限于软件功能的介绍，对于各项功能的融会贯通与商务整合应用的说明，往往介绍很少。因此，华康科技与 ABC 出版社特别针对岗位必须与商务需求，策划编撰 Word、Excel 与 PowerPoint 商务实战手册系列丛书，以丰富的商业应用范例、加上实用功能结合以及商业应用要领，为企业人员编写一套最恰当的自学工具，并为大专院校学生提供一套实用教材，为以后进入就业市场做好准备。本套书的最终目的不仅要让读者轻松学会 Office，更能在工作上有令人激赏的表现。

发布会中除了说明套书的编撰特色外，还将展示范例作品与教学光盘的精华，会中还有抽奖活动，诚挚邀请各位莅临会场共享盛举。

**议　　程**

| 开场 | 14:00~14:15 |
|---|---|
| Office 商务实战手册新书特色介绍 | 14:15~15:00 |
| 抽奖时间 Part 1 | 15:00~15:10 |
| 范例光盘展示 | 15:10~15:40 |
| 问题与讨论 | 15:40~15:50 |
| 抽奖时间 Part 2 | 15:50~16:00 |

（1）插入剪贴画 1：设置图片的环绕方式为“浮于文字上方”，设置图片大小，并移至适当位置。

（2）插入剪贴画 2：设置图片的环绕方式为“浮于文字上方”，冲蚀效果，置于底层，设置图片大小与位置，使其正好遮住活动主旨内容。

6．加入公司资料

（1）插入公司 logo（素材/logo.jpg）。

（2）设置图片格式：文字环绕样式为“浮于文字上方”，去除图片的背景色。

（3）调整 logo 的大小，并将其移至文档右下角。

7．设置超链接

分别为协办单位的公司名称“华康科技股份有限公司”、主办单位的公司名称“ABC 计算机图书出版社”、logo 图片创建一样的超链接，链接到“素材/商业买卖合约书”。

# 实 践 六

## （一）效果图

OFFICE 办公自动化高级应用

### WORD 的五个常用功能

目录

Word 文本输入方法……2
1. 区位输入法：最基础的输入方法……2
2. 拼音输入法：最常见的输入方法……2
3. 五笔输入法：最普及的专业输入方法……2
4. 手写输入法：最方便的输入方法……2
5. 扫描输入法：高科技的输入方法……2
6. 语音输入法：最有发展潜力的输入方法……2
7. 输入生僻字：……2
方法 1：微软拼音手写输入……2
方法 2：全拼 GBK 输入……2
方法 3：微软拼音输入……3
方法 4：五笔输入……3
方法 5：插入符号输入……3
方法 6：自造字……3
Word 文本编辑排版……4
1. 英文学习中的注释……4
2. 脚注和尾注……4
Word 绘图设计……4
【案例】：网络课程设置图……5
【案例】：设计会场座次分布图……5
Word 公式设计……6
【案例】：平均数的表示符号……6
【案例】：描述微观经济学中的偏好关系……6
Word 表格设计……6
【案例】：设计表格……6

效果图 1

OFFICE 办公自动化高级应用

**Word 文本输入方法**

我们用计算机进行文书处理，首要的是将我们要处理的内容输入计算机，这就涉及到文本的输入方法。

西方人发明计算机，他们的语言的字母文字，所以他们用字母、数字和符号组成的键盘就足以帮助他们向计算机输入信息。而我们中华民族的语言是象形文字，西方人发展的计算机，我们无法直接用我们的文字向其输入信息，这就需要采用一定的方法进行转换。

计算机的文本输入方法主要有两种，键式输入和非键式输入。

键式输入就是指利用计算机键盘向计算机输入信息。我们经常看见别人操作计算机时，是用眼睛盯着屏幕（专业文本输入人员的眼睛是盯着文稿的，当然写作时，娱乐时就得盯着屏幕了），双手敲打键盘，就是在采用键式输入法，不管他是用拼音，还是五笔，甚至区位码，或者其他什么快速输入法，他就是在用键盘向计算机输入信息。

1. **区位输入法：最基础的输入方法**
2. **拼音输入法：最常见的输入方法**
3. **五笔输入法：最普及的专业输入方法**
4. **手写输入法：最方便的输入方法**
5. **扫描输入法：高科技的输入方法**
6. **语音输入法：最有发展潜力的输入方法**
7. **输入生僻字：**

本节内容将详细介绍如何输入生僻字，各种方法以方便实用程度排序，而且输入的生僻字均为标准字体。

**方法 1：微软拼音手写输入**

该方法输入生僻字快捷方便，可以不需要拼音，但并不全面。使用该法的步骤参见前文"手写输入法"案例中的相关内容。要输入生僻字，最好将输入法工具栏中的字符集选择为"大字符集"，即是点击"简繁大"图标

该方法可以输入如下一些字：珺（jùn）、倞（jìng、liàng）、堃（kūn）、彧（yù）、卍（wàn 同万）、玨（jué 同珏）、囦（xuān 同喧，song 同讼）、劦（xié，liè）、叧（lì）等。

但这些字就不能输入了：旿（wǒn）芃（péng）霡（mò 同麽）朲（fēng）渁（yuān 同渊），敊（yì）。

**方法 2：全拼 GBK 输入**

该方法输入生僻字需要拼音，很全面，但需要翻页查找。

如图 7.1，调出全拼输入法，在输入法工具栏点击鼠标右键，进入"属性"设置，"检索字符集"时选择"GBK"字库，即可输入。几乎所有字典中有的生僻字，都可以用全拼输入法拼出。

效果图 2

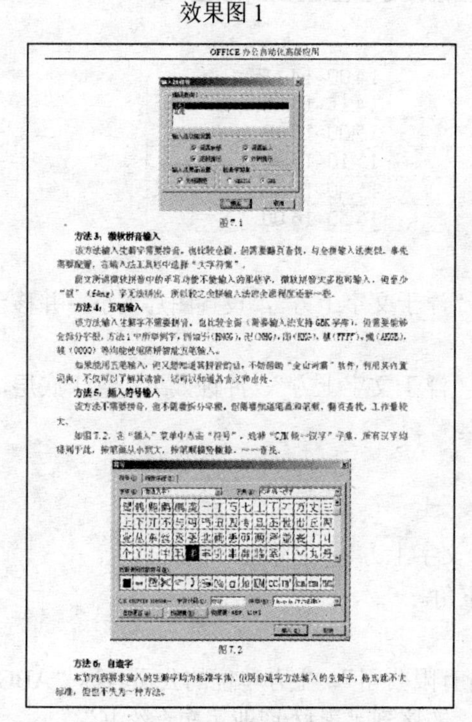

OFFICE 办公自动化高级应用

图 7.1

**方法 3：微软拼音输入**

**方法 4：五笔输入**

**方法 5：插入符号输入**

图 7.2

**方法 6：自造字**

效果图 3

OFFICE 办公自动化高级应用

**Word 文本编辑排版**

1. **英文学习中的注释**

Genuine

Deposit

2. **脚注和尾注**

**Word 绘图设计**

效果图 4

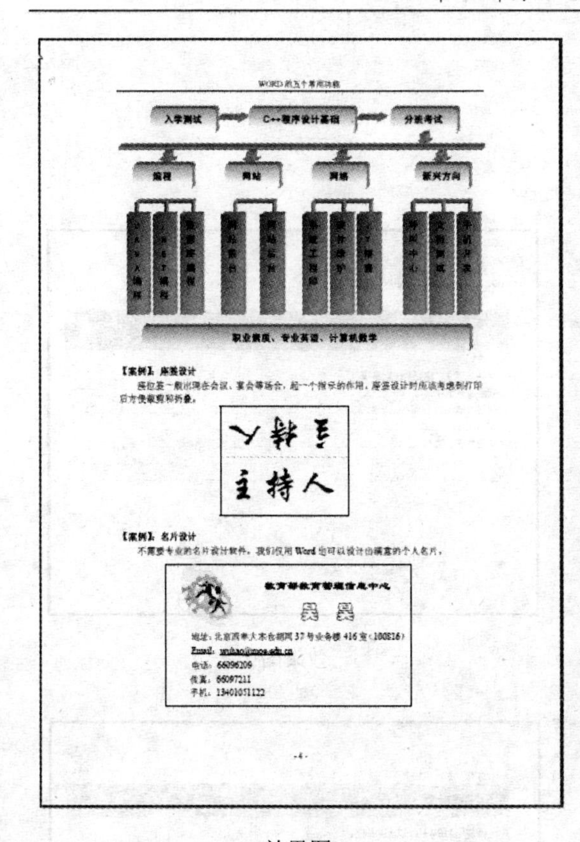

WORD的五个常用功能



【案例】座签设计

座位签一般出现在会议、宴会等场合，起一个指示的作用，座签设计时应该考虑到打印后方便裁剪和折叠。



【案例】名片设计

不需要专业的名片设计软件，我们仅用 Word 也可以设计出精美的个人名片。



-4-

效果图 5

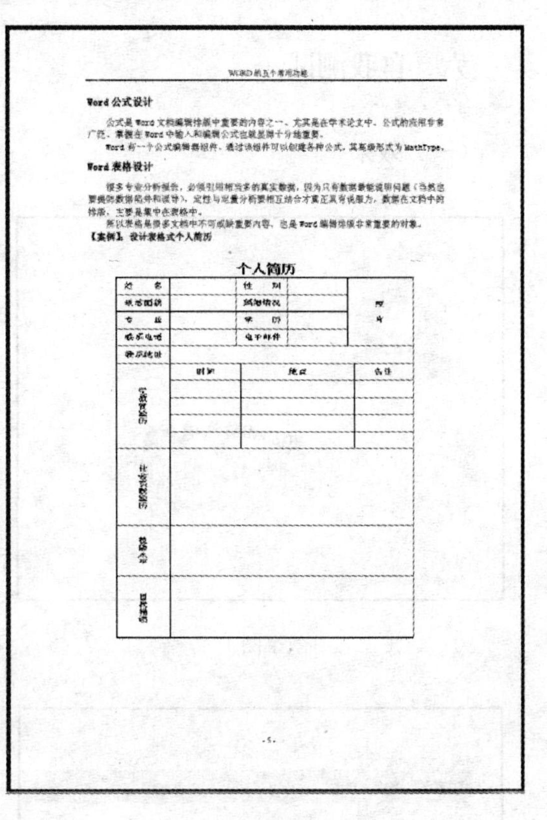

WORD的五个常用功能

Word 公式设计

公式是 Word 文档编辑排版中重要的内容之一，尤其是在学术论文中，公式的应用非常广泛，掌握在 Word 中输入和编辑公式也就显得十分重要。

Word 有一个公式编辑器组件，通过该组件可以创建各种公式，其高级形式为 MathType。

Word 表格设计

很多专业分析报告，必须引用相当多的真实数据，因为只有数据最能说明问题（当然也要提供数据来源和依据），定性与定量分析要相互结合才更有说服力，数据在文档中的体现，主要是集中在表格中。

所以表格是很多文档中不可或缺的重要内容，也是 Word 编辑排版非常重要的对象。

【案例】设计表格式个人简历

个人简历

| 姓　名 | | 性　别 | | 照片 |
|---|---|---|---|---|
| 政治面貌 | | 婚姻状况 | | |
| 专　业 | | 学　历 | | |
| 联系电话 | | 电子邮件 | | |
| 通讯地址 | | | | |
| 学历教育经历 | 时间 | 地点 | 备注 | |
| 社会实践经历 | | | | |
| 特长爱好 | | | | |
| 自我评价 | | | | |

-5-

效果图 6

## （二）实践要求

1．各级样式要求如下：

（1）正文标题：宋体，小一。

（2）标题 1：宋体、小四，段前：0 磅，段后：0 磅，行距：单倍行距，段前：0.5 行，段后：0.5 行。

（3）标题 2：宋体、五号，段前：0 磅，段后：0 磅，行距：1.5 倍行距。

（4）正文：宋体、五号。

2．为文档制作目录。

3．按素材要求为文档增加注释和脚注：

（1）请根据素材第 4 页中“英文学习中的注释”一节为文档增加注释效果。

（2）请根据素材第 4 页中“脚注和尾注”一节为文档增加脚注。

4．按素材要求为文档增加页眉页脚：

（1）第一页页眉为“ITAT 大赛 OFFICE 办公自动化高级应用”，以后各页页眉为“WORD 的五个常用功能”。

（2）页脚显示页号。

5．按素材要求完成四个案例。

# 六、自我测试

## （一）效果

效果图 1

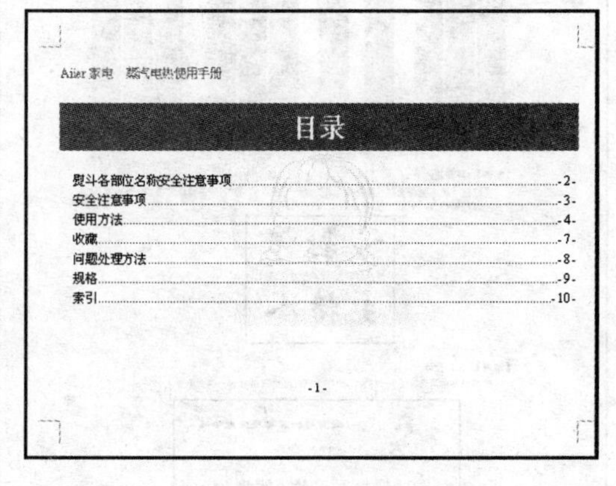

Aiier 家电　蒸气电热使用手册

目录

熨斗各部位名称安全注意事项 -2-
安全注意事项 -3-
使用方法 -4-
收藏 -7-
问题处理方法 -8-
规格 -9-
索引 -10-

-1-

效果图 2

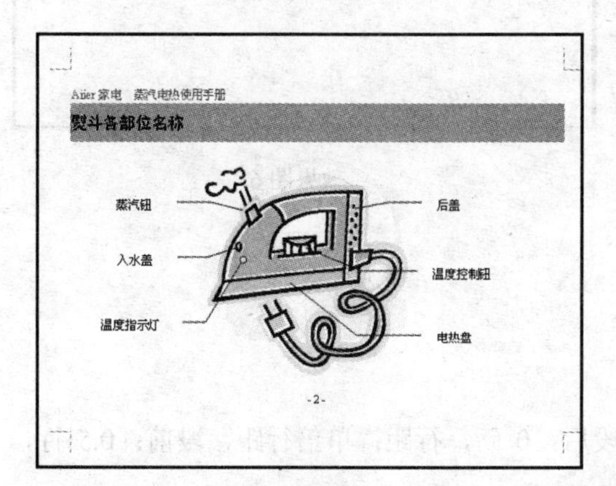

Aiier 家电　蒸气电热使用手册

熨斗各部位名称



-2-

效果图 3

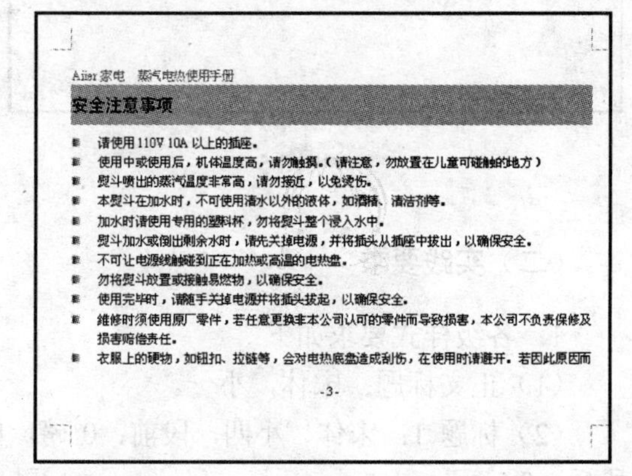

Aiier 家电　蒸气电热使用手册

安全注意事项

- 请使用 110V 10A 以上的插座。
- 使用中或使用后，机体温度高，请勿触摸。（请注意，勿放置在儿童可碰触的地方）
- 熨斗喷出的蒸汽温度非常高，请勿接近，以免烫伤。
- 本熨斗在加水时，不可使用清水以外的液体，如酒精、清洁剂等。
- 加水时请使用专用的塑料杯，勿将熨斗整个浸入水中。
- 熨斗加水或倒出剩余水时，请先关掉电源，并将插头从插座中拔出，以确保安全。
- 不可让电源线触碰到正在加热或高温的电热盘。
- 勿将熨斗放置或接触易燃物，以确保安全。
- 使用完毕时，请随手关掉电源并将插头拔起，以确保安全。
- 維修时须使用原厂零件，若任意更换非本公司认可的零件而导致损害，本公司不负责保修及损害赔偿责任。
- 衣服上的硬物，如钮扣、拉链等，会对电热底盘造成刮伤，在使用时请避开。若因此原因而

-3-

效果图 4

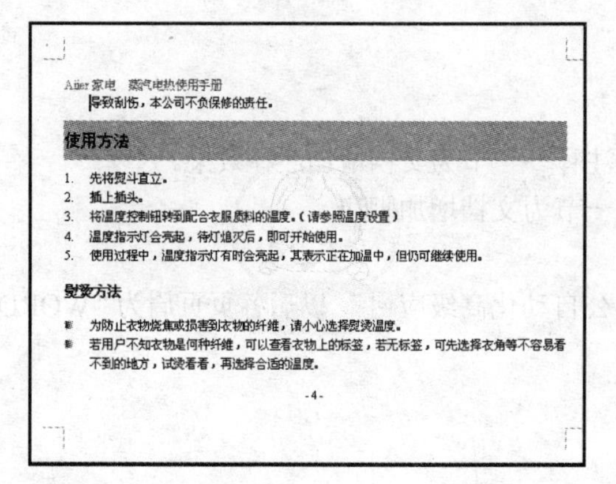

Aiier 家电　蒸气电热使用手册

导致刮伤，本公司不负保修的责任。

使用方法

1. 先将熨斗直立。
2. 插上插头。
3. 将温度控制钮转到配合衣服质料的温度。（请参照温度设置）
4. 温度指示灯会亮起，待灯熄灭后，即可开始使用。
5. 使用过程中，温度指示灯有时会亮起，其表示正在加温中，但仍可继续使用。

熨烫方法

- 为防止衣物烧焦或损害到衣物的纤維，请小心选择熨烫温度。
- 若用户不知衣物是何种纤維，可以查看衣物上的标签，若无标签，可先选择衣角等不容易看不到的地方，试烫看看，再选择合适的温度。

-4-

效果图 5

Aiier 家电　蒸气电热使用手册

- 100% 羊毛可用蒸汽熨烫，但建议先垫一块布，再用中高温（蒸汽区）来熨烫。
- 合成纤維及针织类衣物建议翻到里面熨烫，以防止发亮。

加水

- 只有需用到蒸汽的高温才需加水，若为中、低温度，则不需加水。
- 初次使用蒸汽时，请注入一般自来水，并将蒸汽钮关闭。
- 以后再次使用需加水时，若水质太硬，建议使用过滤过或无矿物质的水，可以增加熨斗的使用寿命。

1. 加水前，请先拔下插头，并将温度控制钮转至“关”。
2. 将熨斗直立于平稳的桌面上，掀开入水盖，并用专用量杯将水注入。
3. 盖上入水盖。

蒸汽熨烫

- 注入水前，先确定电源为关闭，并将插头从插座上拔出。

-5-

效果图 6

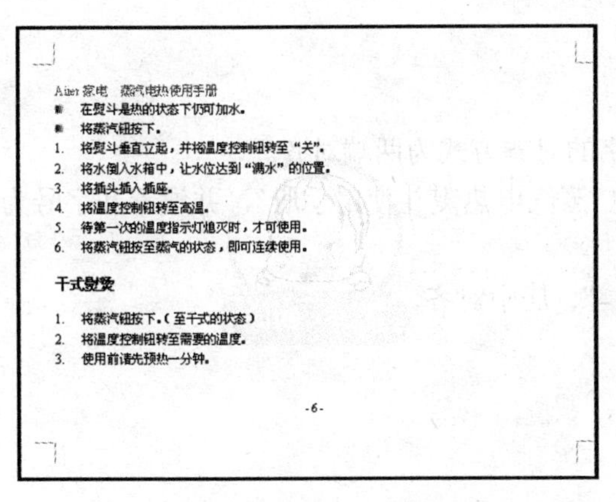

Aiier 家电　蒸汽电热使用手册

- 在熨斗是热的状态下仍可加水。
- 将蒸汽钮按下。

1. 将熨斗垂直立起，并将温度控制钮转至“关”。
2. 将水倒入水箱中，让水位达到“满水”的位置。
3. 将插头插入插座。
4. 将温度控制钮转至高温。
5. 待第一次的温度指示灯熄灭时，才可使用。
6. 将蒸汽钮按至蒸气的状态，即可连续使用。

**干式熨烫**

1. 将蒸汽钮按下。（至干式的状态）
2. 将温度控制钮转至需要的温度。
3. 使用前请先预热一分钟。

-6-

效果图 7

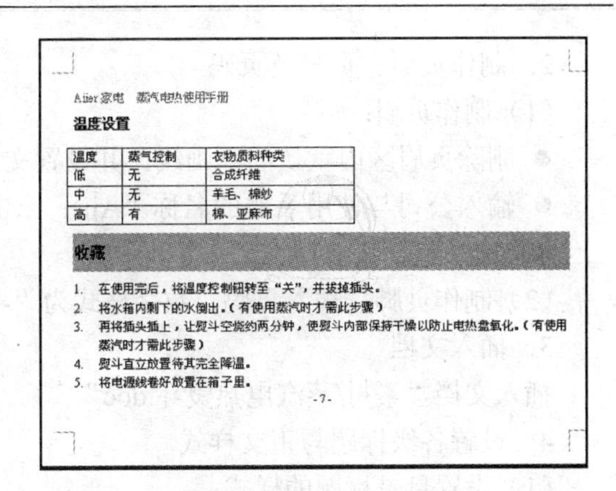

Aiier 家电　蒸汽电热使用手册

**温度设置**

| 温度 | 蒸气控制 | 衣物质料种类 |
| --- | --- | --- |
| 低 | 无 | 合成纤维 |
| 中 | 无 | 羊毛、棉纱 |
| 高 | 有 | 棉、亚麻布 |

**收藏**

1. 在使用完后，将温度控制钮转至“关”，并拔掉插头。
2. 将水箱内剩下的水倒出。（有使用蒸汽时才需此步骤）
3. 再将插头插上，让熨斗空烧约两分钟，使熨斗内部保持干燥以防止电热盘氧化。（有使用蒸汽时才需此步骤）
4. 熨斗直立放置待其完全降温。
5. 将电源线卷好放置在箱子里。

-7-

效果图 8

Aiier 家电　蒸汽电热使用手册

**问题处理方法**

| 问题 | 可能的原因 | 处理方法 |
| --- | --- | --- |
| 无蒸汽 | 温度控制钮是否对准蒸气区<br>蒸气钮是否在蒸气的位置<br>水箱内没水 | 将温度控制钮对准蒸气区<br>将蒸汽钮按在蒸气的位置上<br>加水或重复按蒸气钮数次 |
| 滴水 | 温度控制钮是否在蒸汽区内<br>水箱加水时，蒸汽钮未调至干式位上<br>尚未到达所需温度<br>水量超过满水线 | 将温度控制钮调至蒸汽区<br>将熨斗直立，待温度指示灯熄灭再使用<br>等一会<br>倒掉少许水至满水线 |
| 不热 | 插头没插<br>停电或家里保险丝烧断<br>温度控制钮没开 | 将插头插上插座<br>停止使用或换上保险丝<br>将温度控制钮转至需要的温度 |

-8-

效果图 9

Aiier 家电　蒸汽电热使用手册

| 蒸汽少 | 蒸汽出口处被污垢阻塞<br>温度控制钮不在蒸汽区上 | 将蒸汽出口清干净<br>将温度控制钮调至蒸汽区 |
| --- | --- | --- |
| 温度不够或太高 | 温度控制钮转的位置不对 | 将温度控制钮转至正确的位置 |

- 当熨斗有异常现象发生时，请迅速关闭电源并将插头拔出，送至服务站，切勿自行拆修，以免发生危险。

**规格**

- 型号：AR02580
- 电源：110V 60HZ
- 消耗功率：900W
- 温度保险丝：220℃
- 温度范围：80~200℃
- 重量：1kg
- 外观尺寸：14cm*25.5cm*11.5cm
- 附件：塑料量杯、使用手册、保修卡

-9-

效果图 10

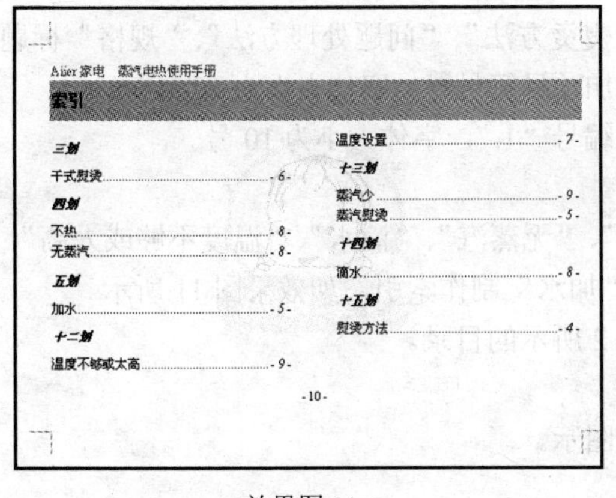

Aiier 家电　蒸汽电热使用手册

**索引**


*三划*

干式熨烫 ........ -6-

*四划*

不热 ........ -8-

无蒸汽 ........ -8-

*五划*

加水 ........ -5-

*十二划*

温度不够或太高 ........ -9-

温度设置 ........ -7-

*十三划*

蒸汽少 ........ -9-

蒸汽熨烫 ........ -5-

*十四划*

滴水 ........ -8-

*十五划*

熨烫方法 ........ -4-


-10-

效果图 11

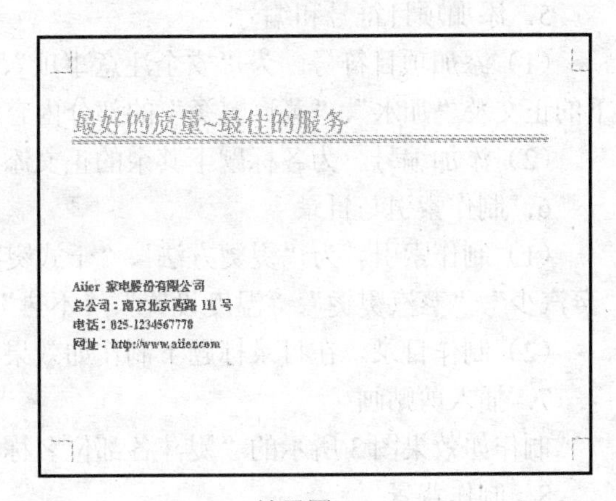

最好的质量~最佳的服务

Aiier 家电股份有限公司

总公司：南京北京西路 111 号

电话：025-1234567778

网址：http://www.aiier.com

效果图 12

## （二）内容

根据所给“蒸汽电热熨斗使用手册”文字材料，完成以下设置。

1．页面设置

（1）纸张大小：宽度为 16.5 厘米，高度为 12.5 厘米。

（2）页边距：上、下边距为 1 厘米，左、右边距为 0.5 厘米，装订线为 0.5 厘米。

2．制作页眉、页脚及页码

（1）制作页眉：

● 删除页眉区内默认的下画线，并设置文字的对齐方式为两端对齐。
● 输入公司与使用手册的名称“Aiier 家电 蒸汽电热熨斗使用手册”，并设置其字号为10，颜色为梅红色。

（2）制作页脚：插入页码，数字格式为“-1-”、居中对齐。

3．插入文档

插入文档“素材/蒸汽电热熨斗.doc”。

4．设置各级标题与正文样式

（1）设置目录标题的样式：

● 新建为样式 1、样式基于标题 1、居中对齐、字体颜色为白色、段落底纹为梅红色。
● 为“目录”标题应用“样式 1”的样式。

（2）设置二级标题样式：

● 新建为样式 2、样式基于标题 2、字体为四号字、非加粗、段前段后间距 7 磅、段落底纹为 RGB（255，102，153）、自动更新。
● 为“熨斗各部位名称”、“安全注意事项”、“使用方法”、“收藏”、“问题处理方法”、“规格”、“索引”标题应用“样式 2”的样式。

（3）设置三级标题样式：

● 新建样式 3、样式基于标题 3、段前段后间距 7 磅、自动更新。
● 为“熨烫方法”、“加水”、“蒸汽熨烫”、“干式熨烫”、“温度设置”标题应用“样式 3”的样式。

5．添加项目符号和编号

（1）添加项目符号。为“安全注意事项”、“熨烫方法”、“问题处理方法”、“规格”标题下的正文及“加水”、“蒸汽熨烫”的部分内容添加项目符号■，字体大小为 10 号。

（2）添加编号。为各标题下其余的正文添加编号“1.”，字体大小为 10 号。

6．制作索引与目录

（1）制作索引。为“熨烫方法”、“干式熨烫”、“无蒸汽”、“滴水”、“温度不够或太高”、“蒸汽少”、“蒸汽熨烫”、“温度设置”、“不热”、“加水”制作索引，如效果图 11 所示。

（2）制作目录。在目录标题下制作如效果图 2 所示的目录。

7．插入剪贴画

制作如效果图 3 所示的“熨斗各部位名称”图示。

8．制作背景

为文档添加图片“素材/Aiier 家电图标.jpg”作为背景：缩放 50%，冲蚀效果。

9．分栏操作

将“规格”部分的正文分为两栏。

10．制作使用手册封面

制作如效果图 1 所示的封面。

11．制作使用手册封底

制作如效果图 12 所示的封底。

### （三）评价标准

| | 内容 | | 评价 | | | |
|---|---|---|---|---|---|---|
| | 学习目标 | 评价项目 | A | B | C | D |
| 职业能力 | 能使用文字处理软件 | 能建立文档 | | | | |
| | | 能编辑文档 | | | | |
| | | 能保存文档 | | | | |
| | | 能打印文档 | | | | |
| | 能进行文档的格式设置 | 能进行字符格式设置 | | | | |
| | | 能进行分栏设置 | | | | |
| | | 能使用项目符号 | | | | |
| | | 能使用文本框 | | | | |
| | | 能使用样式 | | | | |
| | 能熟练制作表格 | 能设计表格 | | | | |
| | | 能设置表格格式 | | | | |
| | | 能设计不同类型表格 | | | | |
| | 能应用艺术字与图片 | 能设置艺术字的颜色和字体 | | | | |
| | | 能插入图片 | | | | |
| | | 能进行图文混排 | | | | |
| | | 能应用和编辑剪贴画 | | | | |
| | 能应用自选图形 | 能设计和编辑图形 | | | | |
| | | 能设计和编辑流程图 | | | | |
| | | 能设计和编辑组织结构图 | | | | |
| 综合评价 | | | | | | |

等级说明

A：能高质、高效地完成此学习目标的全部内容，并能解决遇到的特殊问题，得分 85~100 分。

B：能高质、高效地完成此学习目标的全部内容，得分 75~84 分。

C：能圆满完成此学习目标的全部内容，不需任何帮助和指导，得分 60~74 分。

D：不能完成此学习目标的全部内容，得分 0~60 分。

综合评价为各项成绩的平均值。

## 七、教师测试

请考生仔细阅读并严格遵守题目中关于文件保存和命名的要求。

请务必按照试卷要求为文件命名。

考生答题完毕后，首先创建以“班级+姓名”命名的文件夹（形式如：高数控 09-1 班 张三），并将考试结果严格按题目上的命名要求进行命名并直接保存在该文件夹下。

然后选中整个文件夹，用 Winrar 压缩工具打包后存放在本考场指定的考试结果存放地址，经监考老师确认上传无误后方可离开考场。

注意：在提交答案时，请务必选中上述存放作品的文件夹（如前面创建的“高数控 09-1 班 张三”文件夹，而不是文件夹下的全部文件）进行压缩，在完成答案提交后，请确保上述压缩包仍保存在本地计算机中。

请务必按照试卷要求提交指定的文件，不得包含非题目要求的过程文件和临时文件，不得包含本试题文件和试题素材。

**注意**：凡违反上述规定的考生，其成绩一律按零分处理。

本次测试共2道题。测试结束，请将制作好的文档保存为"班级+姓名+题目序号.doc"。

1. 请参照样例文档"文档处理能力测试题3.pdf"，利用给定的素材，完成下列操作任务。

素材文件："正文.doc"、"图7.1.jpg"、"图7.2.jpg"、"名片.bmp"。

排版要求：

任务一、设置样式。

各级样式要求如下：

- 正文标题：宋体，小一。
- 标题1：宋体，小四；段前：0磅；段后：0磅；行距：单倍行距；段前：0.5行；段后：0.5行。
- 标题2：宋体，五号；段前：0磅；段后：0磅；行距：1.5倍行距。
- 正文：宋体，五号。

任务二、为文档制作目录。

任务三、按素材要求为文档增加注释和脚注。

- 请根据素材第4页中"英文学习中的注释"一节为文档增加注释效果。
- 请根据素材第4页中"脚注和尾注"一节为文档增加脚注。

任务四、按素材要求为文档增加页眉页脚。

第一页页眉为"ITAT大赛 OFFICE办公自动化高级应用"，以后各页页眉为"WORD的五个常用功能"。

页脚显示页号。

任务五、按素材要求完成四个案例中的案例一。

任务六、按素材要求完成四个案例中的案例二。

任务七、按素材要求完成四个案例中的案例三。

任务八、按素材要求完成四个案例中的案例四。

任务九、请根据操作要求制作文档。

已知某大学奖学金信息表"题目2奖学金信息表.xls"，请使用Word提供的邮件合并功能自动生成奖状内容，凡采用手工方式将相关内容复制到对应位置的，一律不给分。

如下图所示：

______________同学：

你在2007—2008学年第一学期中成绩优异，表现突出，

荣获优秀学业奖学金

等级______等　（￥__________）　人民币__________整

特颁此状，以资鼓励！

（学校名称）

年　　月　　日

2．评价标准

| | 内　容 | | 评　价 | | | |
|---|---|---|---|---|---|---|
| | 学习目标 | 评价项目 | A | B | C | D |
| 职业能力 | 能使用文字处理软件 | 能建立文档 | | | | |
| | | 能编辑文档 | | | | |
| | | 能保存文档 | | | | |
| | | 能打印文档 | | | | |
| | 能进行文档的格式设置 | 能进行字符格式设置 | | | | |
| | | 能进行分栏设置 | | | | |
| | | 能使用项目符号 | | | | |
| | | 能使用文本框 | | | | |
| | | 能使用样式 | | | | |
| | 能熟练制作表格 | 能设计表格 | | | | |
| | | 能设置表格格式 | | | | |
| | | 能设计不同类型表格 | | | | |
| | 能应用艺术字与图片 | 能设置艺术字的颜色和字体 | | | | |
| | | 能插入图片 | | | | |
| | | 能进行图文混排 | | | | |
| | | 能应用和编辑剪贴画 | | | | |
| | 能应用自选图形 | 能设计和编辑图形 | | | | |
| | | 能设计和编辑流程图 | | | | |
| | | 能设计和编辑组织结构图 | | | | |
| 综合评价 | | | | | | |

等级说明

A：能高质、高效地完成此学习目标的全部内容，并能解决遇到的特殊问题,得分85~100分。

B：能高质、高效地完成此学习目标的全部内容，得分75~84分。

C：能圆满完成此学习目标的全部内容，不需任何帮助和指导，得分60~74分。

D：不能完成此学习目标的全部内容，得分0~60分。

综合评价为各项成绩的平均值。

# 第四部分　表 格 处 理

## 一、单选题

1．在 Excel 2007 中，要为一个数增加小数位数，应使用“开始”选项卡_______组中的工具。

A．字体　　B．对齐方式　　C．数字　　D．样式

2．在 Excel 2007 中，按_______键可输入当前日期。

A．【;】　　B．【Ctrl+;】　　C．【Alt+;】　　D．【Shift+;】

3．下面_______功能是 Excel 2007 中有的，而 Excel 2003 中没有。

A．艺术字　　B．形状　　C．SmartArt　　D．超链接

4．要新建一个 Excel 2007 工作簿，下面错误的是_______。

A．单击“Microsoft Office”按钮，然后选择“新建”命令

B．单击“新建访问工具栏”中的“新建”按钮

C．按【Ctrl+N】组合键

D．按【Ctrl+W】组合键

5．要打开一个 Excel 2007 工作簿，下列操作错误的是_______。

A．单击“Microsoft Office”按钮，然后选择“打开”命令

B．单击“新建访问工具栏”中的“新建”按钮

C．单击“开始”选项卡中的“打开”按钮

D．按【Ctrl+O】组合键

6．在 Excel 2007 中，定义名称功能在_______选项卡中。

A．公式　　B．插入　　C．视图　　D．数据

7．把单元格指针移到 A156 的最简单的方法是_______。

A．拖动滚动条

B．在名称框中输入 A156

C．按【Ctrl+ A156】组合键

D．先用【Ctrl+→】组合键移到 A 列，再用【↓】键移到 256 行

8．当单元格中的内容是数字时，要使单元格内容居中显示，下列说法错误的是_______。

A．在“开始”标签下单击“对齐方式”中的“居中”

B．在单元格上单击鼠标右键，在弹出的快捷菜单中选择“设置单元格格式”命令，在“对齐”选项卡中选择“居中”

C．在单元格上单击鼠标右键，在弹出的快捷菜单中直接选择“居中”命令

D．无法居中

9．选取工作表中某一行单元格中的数据的操作方法是_______。

A．按【Ctrl+A】组合键　　B．按【Ctrl+→】组合键

C．单击要选中行的行号　　D．选择“插入”→“行”命令

10．要选取整张工作表的快捷键是_______。

A.【Ctrl+O】　B.【Ctrl+A】　C.【Ctrl+W】　D.【Shift+A】

11．在工作表中，要快速移到本行行首的方法是_______。

A．拖动滚动条　　B．用键盘移动鼠标指针

C．按【Ctrl+Home】组合键　　D．按【Home】键

12．要选取工作表中某一列单元格数据的操作是_______。

A．按【Ctrl+A】组合键　　B．按【Ctrl+↓】组合键

C．选择“插入”→“列”命令　　D．单击要选中列的列号

13．在同一工作簿中复制一张工作表，只要选中要复制的工作表标签，按住_______键，然后沿着标签行拖动工作表标签到目标位置即可。

A.【Ctrl】　B.【Tab】　C.【Alt】　D.【Shift】

14．在打印工作表前就能看到实际打印效果的操作是_______。

A．仔细观察工作表　　B．打印预览

C．按【F8】键　　D．分页预览

15．下列打印文件的方法中，错误的是_______。

A．选择“编辑”→“打印”命令

B．单击“Microsoft Office”按钮，然后选择“打印”命令

C．在“页面设置”对话框中单击“打印”按钮

D．单击“打印预览”对话框中的“打印”按钮

16．在Excel 2007中，“打印”文件的快捷键是_______。

A.【Ctrl+O】　B.【Ctrl+D】　C.【Ctrl+P】　D.【Shift+P】

17．下列说法中，正确的是_______。

A．只能在某工作表标签上单击鼠标右键，在弹出的快捷菜单中选择“插入”命令来插入新的工作表

B．只能单击工作表标签最后的“插入工作表”按钮插入

C．既可以通过A的方法，也可以通过B的方法插入新工作表

D．无法插入新工作表

18．在Excel 2007中要选取多个不相邻的工作表，需要按住_______键。

A.【Ctrl】　B.【Tab】　C.【Alt】　D.【Shift】

19．新建一个工作表，要快速移到最后一行的方法是_______。

A．按【Ctrl+↓】组合键　　B．按【Ctrl+End】组合键

C．拖动滚动条　　D．按【↓】键

20．在Excel 2007中，以下_______是相对地址。

A．D4　B．$D6　C．$D$8　D．A$19

21．如果想一次插入数张工作表，可以按住_______键，依次单击多张工作表标签，使选定的标签数与要插入的工作表的数目相等，然后选择“开始”→“单元格”→“插入”→“插

入工作表”命令。

A.【Ctrl】 B.【Alt】 C.【Tab】 D.【Shift】

22．选择“开始”→“单元格”→“删除”→“删除工作表”命令，一次可以删除______个工作表。

A．1 B．2 C．3 D．4

23．下列说法中，正确的是______。

A．自动筛选需要事先设置筛选条件 B．高级筛选不需要设置筛选条件

C．进行筛选前，无须对表格先进行排序 D．自动筛选前，必须先对表格进行排序

24．将工作表进行重命名工作时，工作表名称中不能含有字符______。

A．$ B．* C．& D．@

25．要在工作簿中插入一张工作表，正确的操作是______。

A．选择“开始”→“编辑”→“插入工作表”命令

B．选择“开始”→“单元格”→“格式”→“工作表”命令

C．选择“开始”→“单元格”→“插入”→“插入工作表”命令

D．单击“Microsoft Office”按钮，选择“工作表”命令

26．下面___项不是Excel 2007功能区中的选项。

A．文件 B．插入 C．审阅 D．视图

27．当输入的数字被系统辨识为正确时，会采用______对齐方式。

A．居中 B． 靠左 C．靠右 D．不动

28．数据在单元格中的对齐方式有两种，分别是______。

A．上，下对齐 B．水平，垂直对齐

C．左，右对齐 D．前，后对齐

29．若某工作簿内有两张工作表和一个图表时，在存文件时会以______个文件存储。

A．1 B．3 C．2 D．4

30．在 Excel 2007中，不用“打开”对话框就能直接打开最近使用过的Excel 2007文件的方法是使用______。

A．“Microsoft Office ”菜单中的文件列表

B．工具栏按钮方法

C．快捷键

D．“Microsoft Office”按钮→“打开”命令

31．在Excel 2007中，关闭当前工作簿的快捷键是______。

A.【Ctrl+Q】 B.【Ctrl+F2】 C.【Alt+F4】 D.【Ctrl+F4】

32．下列快捷键，能退出Excel 2007的是______。

A.【Ctrl+W】 B.【Shift+F4】 C.【Alt+F4】 D.【Ctrl+F4】

33．下列操作方法，不能退出Excel 2007的是______。

A．单击“Microsoft Office”按钮，选择“退出”命令

B．按快捷键【Alt+F4】

C．单击标题栏右端的窗口关闭按钮“×”

D．按快捷键【Ctrl+F4】

34．要保存一个 Excel 2007 工作簿，下面_______是错误的。

A．单击“Microsoft Office”按钮，选择“保存”命令

B．单击“快速访问工具栏”→“保存” 按钮

C．单击“格式”→“保存” 按钮

D．按快捷键【Ctrl+S】

35．保存工作簿出现“另存为”对话框时，说明_______。

A．该文件不能保存　　B．该文件已经保存过

C．该文件做了修改　　D．该文件未保存过

36．要在工作簿中删除一张工作表，正确的操作是选择_______命令。

A．“开始”→“单元格”→“删除”→“删除工作表”

B．“Microsoft Office”按钮→“删除工作表”

C．“页面布局”→“删除工作表”

D．“视图”→“删除工作表”

37．要选取同一张工作表中不同位置的单元格时，需按_______键。

A．【Shift】　B．【Ctrl】　C．【Alt】　D．【Tab】

38．在 Excel 2007 中输入查找内容时，通配符“？”的含义是表示_______字符。

A．一个任意　B．多个任意　C．一个特定　D．其本身

39．当某一单元格中显示的内容为“#NAME？”时，它表示_______。

A．使用了 Excel 2007 不能识别的名称　　B．公式中的名称有问题

C．在公式中引用了无效的单元格　　D．无意义

40．在某一单元格中使用了公式，但显示的内容为“#NUM!”，其表示_______。

A．在公式中引用了函数

B．公式计算结果的数字太大或太小，Excel 2007 无法表示

C．在公式中使用了错误的参数

D．使用了错误的名称

41．利用鼠标拖动数据时，若有“是否替换目标单元格内容？”的提示框出现，则说明_______。

A．数据不能移动　　B．目标区域已有数据

C．目标区域为空白　　D．不能用鼠标拖放进行数据移动

42．若要选定区域 A1:C5 和 D3:E5，应按鼠标左键从 A1 拖动到 C5，然后_______。

A．按鼠标左键从 D3 拖动到 E5

B．按住【Ctrl】键，并按鼠标左键从 D3 拖动到 E5

C．按住【Shift】键，并按鼠标左键从 D3 拖动到 E5

D．按住【Tab】键，并按鼠标左键从 D3 拖动到 E5

43．选择“开始”→“编辑”→“清除”命令，不能实现的是_______。

A．清除单元格中的批注　　B．删除单元格中的数据

C．清除单元格中的数据的格式　　D．移去单元格

44．选择“开始”→“单元格”→“删除”命令，下面正确的解释是_______。

A．删除单元格中的批注　　B．删除单元格中的数据

C．删除单元格中的数据的格式　　D．移去单元格

45．要改变工作表中行的高度，下面说法中正确的是______。

A．利用“视图”→“行高”命令

B．利用“开始”→“单元格”→“格式”→“行高”命令

C．选择“页面布局”→“行高”命令

D．按住【Shift+↑（↓）】来调整行的高度

46．要为表格设置边框，下列操作中错误的是______。

A．利用“开始”→“单元格”→“格式”→“设置单元格格式”→“边框”选项

B．利用“开始”→“字体”→“边框”按钮

C．利用绘图工具自己画边框

D．可自动套用边框

47．在单元格中输入数值时，当输入的长度超过单元格宽度时自动转换成______方法表示。

A．四舍五入　　B．科学记数　　C．自动失去　　D．以上都对

48．在当前单元格A1中输入数据20，若要B1到E1中均输入数据20，则最简单的方法是______。

A．选中单元格A1后，单击“复制”按钮，然后从B1到E1中逐个“粘贴”

B．从B1到E1逐个输入数据20

C．选中B1到E1的所有单元格，然后逐个输入数据20

D．选中单元格A1，将鼠标移到填充柄上拖动它向右直到E1然后松开鼠标

49．关于行高和列宽的调整方法，下列说法中错误的是______。

A．不可批量调整

B．可以将鼠标指针放在两行行标之间，变成双箭头后，按下鼠标左键拖动调整

C．可以在行标上单击鼠标右键，选择行高后，输入数值精确调整

D．可以选中多列，在两列列标中间双击进行批量调整到与单元格内容匹配的宽度

50．在输入公式之前必须输入______符号。

A．?　　B．=　　C．@　　D．&

51．在Excel 2007中，地址范围是以______分隔的。

A．逗号　　B．冒号　　C．分号　　D．等号

52．在输入数字字符串时，为了与数值区别，应在数字的前面加上符号______。

A．”　　B．/　　C．:　　D．’

53．在单元格中输入______，使该单元格显示0.3。

A．6/20　　B．=“6/20”　　C．“6/20”　　D．= 6/20

54．在Excel 2007中，文本运算符“&”可以将______文本连接为一个组合文本。

A．一个或多个　　B．两个　　C．至少三个　　D．最多有三个

55．已知工作表B3单元格与B4单元格的值分别为“中国”和“北京”，要在C4单元格中显示“中国北京”，正确的公式为______。

A．=B3+B4　　B．=B3，B4　　C．=B3&B4　　D．=B3:B4

56．下面______选项中的两个数相等。

A．=50%和5/100　　B．=“50%”和“50/100”

C．=“50%”和“50/100”　　D．“50%”和50/100

57．在单元格中输入数字字符串 100081（邮政编码）时，应输入_______。

A．100081 B．“100081” C．´100081 D．100081´

58．设在单元格 A1 中有公式：=B1+B2，若将其复制到单元格 C1 中，则公式为_______。

A．=D1+D2 B．=D1+A2 C．=A1+A2+C1 D．=A1+C1

59．计算一个项目的总价值，如果单元格 A8 中是单价，C8 中是数量，则计算公式是_______。

A．+A8×C8 B．=A8*C8 C．=A8×C8 D．A8*C8

60．在单元格中输入计算公式时，下面_______写法是正确的。

A．A1+B1+C1 B．（A1+B1+C1） C．“A1+B1+C1” D．= A1+B1+C1

61．要引用工作簿中其他工作表中单元格的数据，应加符号_______。

A．? B．“” C．! D．&

62．在 Excel 2007 中，按_______键可以改变单元格的应用类型。

A．【F8】 B．【F4】 C．【F10】 D．【F2】

63．将行号和列号设为绝对地址，需在引用的工作簿上加_______符号。

A．? B．& C．$ D．@

64．要引用其他工作簿中单元格的数据，需要在引用的工作簿上加_______符号。

A．“” B．{} C．: D．[]

65．区分不同工作表的单元格，要在地址前面增加_______。

A．工作簿名称 B．单元格名称 C．工作表名称 D．Sheet

66．绝对地址在被复制到其他单元格时，其单元格地址_______。

A．改变 B．不能复制 C．不变 D．部分改变

67．使用单元格地址时，可以使用_______键进行行相对地址、绝对地址、混合地址的切换。

A．【F2】 B．【F4】 C．【F6】 D．【F8】

68．在同一个工作簿中要引用其他工作表某个单元格的数据（如 Sheet3 中 A2 单元格中的数据），下面表达式中正确的是_______。

A．+ Sheet3！A2 B．=A2（Sheet3） C．= Sheet3！A2 D．$ Sheet3>$A

69．设在 B1 单元格存有一公式为：=A$5，将其复制到 D1 后，公式变为_______。

A．=D$5 B．=D$1 C．不变 D．=C$5

70．在单元格中输入：Average（10，-3）-pi（），则该单元格显示的值_______。

A．大于零 B．小于零 C．等于零 D．不确定

71．SUM (5,6,7) 的值是_______。

A．18 B．210 C．4 D．8

72．设在 B5 单元格存有一公式为 SUM (B2:D5)，将其复制到 D5 后，公式变为_______。

A．SUM (B2:B4) B．SUM (B2:D5)

C．SUM (D5:B2) D．SUM (D2:D4)

73．下列函数的写法中，错误的是_______。

A．SUM (A1:A3) B．Average (20, B1, A1:C1)

C．MAX (C4, C5) D．SUM[A1:A3]

74．若在 A1、A2、A3 单元格中分别输入 5、10、15，则 SUM (A1:A3) 的结果是_______。

A．20 B．15 C．5 D．30

75. 设 A1、B1、C1、D1 中的值分别是 2、3、7、3，则 SUM (A1:C1) / D1 为______。

A. 4　B. 12/3　C. 3　D. 12

76. 函数 count (12, 13,"china") 的返回值是______。

A. 1　B. 2　C. 3　D. 无法判断

77. 若单元格 B1、B2 中的数据分别为-12.34 和 12.34，则函数 MIN (B1, B2) 的返回值是______。

A. 12.34　B. 0　C. −12.34　D. 无法判断

78. 已知工作表中 B2:F2 单元格中是某个学生 5 门课的考试成绩，要计算其平均成绩应在 G2 单元格中输入公式______。

A. =INT (B2:F2)　B. = ABS (B2:F2)

C. =COUNT (B2:F2)　D. = Average (B2:F2)

79. INT (12.23) 的值为______。

A. 12　B. 13　C. 12.2　D. −12.23

80. 单击"开始"→"编辑"→"Σ"按钮，则其执行的操作是______。

A. 求和操作　B. 求平均数操作　C. 求最大值操作　D. 求最小值操作

81. 在 Excel 2007 中，最上边的"A"及后面的英文字母表示______，而最左边的"1"及下方的阿拉伯数字表示______。

A. 列标　B. 行号　C. 工作表名　D. 工作簿名

82. 用户在建立数据清单时应注意______。

A. 避免在一张工作表中建立多个数据清单，最好一张工作表中建立一张数据清单

B. 同一列的数据类型一致

C. 不要在数据清单中放置空白行或列

D. 以上三项

83. 对工作表建立的柱形图表，若删除图表中某数据系列柱形图______。

A. 则数据表中相应的数据消失

B. 则数据表中相应的数据不变

C. 若事先选定与被删除柱形图相应的数据区域，则该区域数据消失，否则保持不变

D. 若事先选定与被删除柱形图相应的数据区域，则该区域数据不变，否则将消失

84. 关于高级筛选，下列错误的是______。

A. 筛选条件和表格之间必须有一行或者一列的间距

B. 可以在原有区域显示筛选结果

C. 可以将筛选结果复制到其他位置

D. 不需要写筛选条件

85. 下列不能对数据表排序的是______。

A. 单击数据区中任一单元格，然后单击"开始"→"编辑"→"排序和筛选"→"'升序'或'降序'按钮"

B. 选定要排序的数据区域，然后单击"数据"→"排序和筛选"→"'升序'或'降序'按钮"

C. 选定要排序的数据区域，然后选择"开始"→"编辑"→"排序和筛选"→"排序"命令

D．选定要排序的数据区域，然后选择“数据”→“排序和筛选”→“排序”命令

86．在数据表（有“总分”字段）中查找总分大于250的记录，其有效方法是_______。

A．依次查看各记录“总分”字段的值

B．按【Ctrl+QA】组合键，在出现的对话框的“总分”栏中输入“>250”，再单击“确定”按钮

C．在“记录单”对话框中单击“条件”按钮，在“总分”栏中输入“>250”，再单击“下一条”按钮

D．在“记录单”对话框中依次单击“下一条”按钮

87．高级筛选的条件区域在_______。

A．数据表的前几行　　B．数据表的后几行

C．数据表中间某单元格　　D．数据表的前几行或后几行

88．用筛选条件“数学>65与总分>250”对成绩数据表进行筛选后，筛选结果中都是_______。

A．数学分>65的记录　　B．数学分>65且总分>250的记录

C．总分>250的记录　　D．数学分>65或总分>250的记录

89．在当前工作表Sheet1后面增加一个新的工作表，其操作步骤是_______。

A．选取Sheet1为当前工作表，选择“开始”→“单元格”→“插入”→“插入工作表”命令

B．选取Sheet1后面的工作表为当前工作表，选择“开始”→“单元格”→“插入”→“插入工作表”命令

C．选取Sheet1为当前工作表，选择“插入”→“工作表”命令

D．选取Sheet1后面的工作表为当前工作表，选择“插入”→“工作表”命令

90．在“自动筛选”中筛选条件可以是一个，也可以用“自定义”指定两个条件，但一次筛选只能针对_______个字段。

A．1　　B．2　　C．3　　D．4

## 二、多选题

1．在下列关于Excel 2007的叙述中，正确的论述是________。

A．函数可以是公式中的一个操作数

B．选择“开始”→“单元格”→“删除”→“删除工作表”命令，会删除当前工作簿中的所有工作表

C．双击某工作表标签，可以对该工作表重新命名

D．Excel 2007可以和Lotus-2-3交换数据

2．Excel 2007的编辑栏由________等部分组成。

A．单元格名称框　　B．单元格　　C．操作按钮　　D．编辑区

3．“开始”→“编辑”→“清除”命令包括________。

A．内容　　B．格式　　C．批注　　D．全部

4．下列说法正确的是________。

A．按【Tab】键活动单元格右移

B．按【Enter】键活动单元格下移

C．按【Shift+Tab】组合键活动单元格左移

D．按【Shift+Enter】组合键活动单元格上移

5．“对齐”选项卡，在“垂直对齐”下拉列表中给出了________选项。

A．靠上，居中，靠下　　B．两端对齐

C．分散对齐　　D．跨列居中

6．Excel 2007 数据填充功能具有按________序列方式填充数据的功能。

A．等差　　B．等比　　C．日期　　D．自定义序列

7．在 Excel 2007 工作表中，欲将单元格 A1 中的公式复制到区域 A2:A10，方法是_____。

A．选定区域 A1:A10，使用“开始”→“剪贴板”→“复制”命令

B．将鼠标指针指向单元格 A1 的填充句柄，拖动鼠标到单元格 A10

C．选定单元格 A1，使用“开始”→“剪贴板”→“剪切”命令，再选定区域 A2:A10，使用“开始”→“剪贴板”→“粘贴”命令

D．选定单元格 A1，使用“开始”→“剪贴板”→“复制”命令，再选定区域 A2:A10，使用“开始”→“剪贴板”→“粘贴”命令

E．选定单元格 A1，使用快捷菜单中的“复制”命令，再选定区域 A2:A10，使用快捷菜单中的“粘贴”命令

8．Excel 2007 的________可以计算和存储数据。

A．工作表　　B．工作簿　　C．工作区　　D．单元格

9．要为 Excel 2007 工作表改名，可行的方法是________。

A．单击该工作表标签，并选择“开始”→“编辑”→“重命名”命令

B．双击要改名的工作表标签，使其反向显示，然后输入新的名字

C．用鼠标右键单击该工作表标签，并选择“快捷菜单”→“重命名”命令

D．单击该工作表标签，并选择“开始”→“单元格”→“格式”→“重命名工作表”命令，输入新的名字

10．下列________属于 Excel 2007 的功能。

A．可制作各种统计报表和统计图

B．可完成各类复杂的数学运算

C．可把数据用各类二维或三维图形表示

D．提供数据地图工具，自绘图工具

E．新增强的公式功能

F．新增强的图表能力

11．打开 Excel 2007 时，一般情况下，_______ 出现在打开的屏幕上。

A．工具栏　　B．功能区

C．滚动条　　D．Microsoft Excel 2007 帮助主题

12．编辑栏的操作按钮包括________。

A．“取消”按钮　B．“输入”按钮　C．“插入函数”按钮　D．“确定”按钮

13．保存工作簿正确的方法是 _______。

A．单击“快速访问工具栏”→“保存”按钮

B．单击“Office 按钮”，选择“保存”命令

C．用快捷键【Ctrl+S】保存

D．用快捷键【Ctrl+N】保存

14．Excel 2007 默认的对齐方式中，________为右对齐。

A．文本 B．数字 C．货币 D．日期时间

15．“视图”→“窗口”组包含 ______ 命令。

A．创建窗口 B．隐藏 C．拆分 D．重排窗口

E．冻结窗口

16．想要编辑单元格内数据，可行的方法是 ______。

A．直接双击目标单元格 B．按【F2】键

C．直接用鼠标选中目标单元格 D．选中目标单元格后再单击编辑栏

17．常用________方式实现复制或移动。

A．单击“开始”→“剪贴板”的相关命令按钮 B．快捷键

C．鼠标拖动 D．快捷菜单

18．单元格引用包括________。

A．相对引用 B．绝对引用 C．混合引用 D．交叉引用

19．字符型数据包括________。

A．汉字 B．英文字母

C．数字 D．空格及键盘能输入的其他符号

20．Excel 2007 的数据类型包括________。

A．字符型 B．数值型 C．日期时间型 D．逻辑型

21．下列数据或公式的结果为字符型的是_______。

A．[10+2] B．1996 年 C．(75=5) D．=SQRT(2)

E．123 F．'6536114 G．-(23-9) H．"Excel"&"5．0"

22．用户在 Excel 2007 工作表中输入日期，符合日期格式的数据是________。

A．10-01-99 B．01-OCT-99 C．1999/10/01 D．"10/01/99"

23．公式中使用的运算符包括________运算符。

A．算术 B．比较 C．字符连接 D．引用

24．Excel 2007 提供的函数包括 ______ 函数等。

A．日期与时间 B．逻辑 C．数据库 D．财务

25．双击图表对象，弹出“图表区格式”对话框。在“图表区格式”对话框中有________选项卡。

A．图案 B．字体 C．属性 D．格式

26．Excel 2007 可对数据进行________排序。

A．按升序 B．按降序 C．单个字段 D．多个字段

27．Excel 2007 可对数据清单中的数据进行________等各种数据管理和统计的操作。

A．排序 B．筛选 C．分类总汇 D．有效性

28．__________是“数据”选项卡中的命令。

A．排序 B．筛选 C．函数 D．合并计算

## 三、填空题

1. Excel 2007 的__________是计算和存储数据的文件。

2. 工作表内的长方形空白，用于输入文字、公式的位置称为________。

3. 在 Excel 2007 中每个单元格中最多可以容纳__________个字符。

4. 在 Excel 2007 中最多可以撤销__________步操作。

5. 在 Excel 2007 中输入数据时，可以利用自动填充快速输入__________的数据。

6. 双击某单元格可以对该单元格进行__________工作。

7. 双击某工作表标识符，可以对该工作表进行________操作。

8. 在 Excel 2007 中，复制选中单元格中的文本，所用的快捷键是________。

9. 标志单元格区域的分隔符号必须用__________符号。

10. 通过选择“开始”→“单元格”→“插入”→“插入工作表”命令，每次可以插入________个空白的工作表。

11. Excel 2007 图表文件的扩展名为_________。

12. 单击“开始”→“对齐方式”→“合并及居中”按钮，所实现的功能是使______。

13. 在 Excel 2007 窗口的底部和右边分别是水平和垂直________条。

14. 用鼠标将某单元格的内容复制到另一单元格中时，应同时按下________键。

15. ________分为水平拆分条和垂直拆分条，分别位于水平滚动条的右端和垂直滚动条的上端。

16. 在 Excel 2007 中，单击鼠标________可以出现与当前工作相关的快捷菜单，方便快速地选取命令。

17. 选中整个工作表的快捷方式是________。

18. 在 Excel 2007 中，用__________组可以改变字体、大小及字形__________。

19. 在某段时间内，可以同时有________个当前活动的工作表。

20. 一个工作簿最多可含有________个工作表。

21. Excel 2007 中规定工作表的名称最多不超过__________个字符。

22. 工作表的名称显示在工作簿底部的__________上。

23. ________用于显示、编辑活动单元格中的数据和公式。

24. 编辑栏由单元格名称框、__________和编辑区 3 部分组成。

25. 单元格中的数据在水平方向上有__________、__________和__________3 种对齐方式。

26. 改变行宽或列高的方法有__________和__________两种方法。

27. 在输入一个公式之前必须先输入符号________。

28. Excel 2007 中常用的运算符号分为__________、__________和__________3 类。

29. 在 Excel 2007 的单元格中输入时间时，表示上、下午的 AM 和 PM 大小写均可，但是与时间之间一定要加________符号。

30. 已知某单元格的格式为 000.00，值为 23.785，则其显示内容为__________。

31. 在 Excel 2007 中提供的内部数字格式________被删除。

32. 操作按钮包括________、__________、__________。

33．没有以＿＿＿＿＿＿开头的单元格数值称为常量。

34．更改了屏幕上工作表的显示比例，对打印效果＿＿＿＿＿。

35．更改了“页面设置”对话框中“页面”选项卡的“缩放比例”，对打印效果＿＿＿＿＿。

36．在 Excel 2007 中设置的打印方向有＿＿＿＿＿＿和＿＿＿＿＿两种。

37．Excel 2007 工作簿扩展名为＿＿＿＿＿。

38．Excel 2007 用来存储和处理数据的最主要的文档是＿＿＿＿＿。

39．单击工作表的＿＿＿＿＿矩形块，可以选取整个工作表。

40．单击“插入”→“图表”组的对话框启动器，将会弹出一个＿＿＿＿＿对话框。

41．使用键盘，按＿＿＿＿＿和＿＿＿＿＿＿组合键，可以选择前一个或后一个工作表为当前工作表。

42．用鼠标复制工作表时，需按住＿＿＿＿＿＿键。

43．在输入过程中，用户要取消刚才输入到当前单元格中的所有数据时，可用鼠标单击＿＿＿＿按钮或按＿＿＿＿＿组合键。

44．公式或由公式得出的数值都＿＿＿＿＿常量。

45．单击“Σ”按钮，则其执行的操作是＿＿＿＿＿。

46．将“Al+A4+B4”用绝对地址表示为＿＿＿＿＿。

47．单击“粘贴函数”按钮或选择“公式”→“函数库”→“插入函数”命令，都会产生一个＿＿＿＿＿＿对话框。

48．创建一个嵌入式图表时，用户可以自行控制所产生的图表的＿＿＿＿＿。

49．采用筛选功能被筛选出来的记录所属行号会以＿＿＿＿＿色显示。

50．数据筛选的方法有＿＿＿＿＿和＿＿＿＿＿＿两种。

51．在“自定义自动筛选方式”中，不可以实现模糊查找，这时需要使用通配符“？”和“*”，其中“*”所表示的含义是＿＿＿＿＿。

52．Excel 2007 中“排序”命令最多可同时按＿＿＿＿＿个字段的递增或递减顺序对数据清单进行排序。

53．在“排序”对话框中有 3 个关键字设定框，分别是＿＿＿＿＿＿、＿＿＿＿＿＿和＿＿＿＿＿。

## 四、判断题

（　　）1．在 Excel 2007 中，日期数据在单元格内自动左对齐。

（　　）2．在 Excel 2007 中，在单元格内输入“1/2”和输入“0.5”是一样的。

（　　）3．在 Excel 2007 中，MIN 函数是求最小值的函数。

（　　）4．在 Excel 2007 中，图表只能建立在新工作表中。

（　　）5．新建一个 Excel 2007 文件时，默认工作簿为 Book1。

（　　）6．任一时刻所操作的单元格称为当前单元格，又称为活动单元格。

（　　）7．Excel 2007 中的数据是指只包括文字和数值。

（　　）8．当改变字体时，Excel 2007 会自动改变单元格的行高。

（　　）9．Excel 2007 中，隐藏工作表中的单元格网线格可以单击“Office”按钮，选择“Excel 选项”命令来实现。

(　　) 10．如果删除某个区域的内容，可以先选定要删除的区域，然后按【Delete】键或【Backspace】键。

(　　) 11．Excel 2007 工作表中当前活动单元格在 C 列 15 行上，用绝对地址方式表示为 C$15$。

(　　) 12．默认情况下，工作表以 Sheet1、Sheet2 和 Sheet3 命名，且不能改名。

(　　) 13．单元格的删除命令只能清除单元格中的信息，而不能清除单元格本身。

(　　) 14．在 Excel 2007 中，欲使单元格中的内容垂直居中，可选择“开始”→“单元格”→“格式”→“设置单元格格式”命令，对“对齐”选项卡做相关的设置。

(　　) 15．可以单击“Office”按钮，选择“新建”命令，选择相应图标，快速建立具有专业水准的工作簿。

(　　) 16．可以使用快捷键【Ctrl+S】保存工作簿。

(　　) 17．Excel 2007 提供了工作簿的“自动保存”功能。

(　　) 18．设置了“自动保存”后，Excel 2007 将每隔一定时间为用户自动保存工作簿，默认时间间隔为 10 分钟。

(　　) 19．执行“粘贴”命令时，只能粘贴单元格中的数据，不能粘贴格式、公式、批注等其他信息。

(　　) 20．“清除”命令清除的是单元格内的数据、格式或批注，单元格本身依然存在。

(　　) 21．删除单元格以后，原单元格已不复存在。

(　　) 22．查找与替换操作只能在一个工作表中进行。

(　　) 23．可以用【Ctrl+→】组合键直接到 256 列，用【Ctrl+←】组合键返回第 1 列。

(　　) 24．如欲选择多个不相邻的单元格或单元格区域，可按住【Shift】键的同时，进行单元格选择或单元格区域选择操作。

(　　) 25．按【Enter】键活动单元格下移；按【Tab】键活动单元格右移；按【Shift+Tab】组合键活动单元格左移；按【Shift+Enter】组合键活动单元格上移。

(　　) 26．自定义序列的方法是：选择“数据”→“选项”命令，弹出“选项”对话框，选择“自定义序列”选项卡。

(　　) 27．工作表的删除是永久删除，删除之后将无法撤销与恢复。

(　　) 28．“合并单元格”按钮可以将多个单元格合并为一个单元格。

(　　) 29．Excel 2007 默认的字体是楷体、常规字形、12 号。

(　　) 30．Excel 2007 工作表默认的边框为淡虚线，打印时显示。

(　　) 31．“隐藏”的功能是防止单元格被移动、改动、更改大小或删除。

(　　) 32．窗口操作分为新建窗口、拆分与冻结和重排窗口等。

(　　) 33．Excel 2007 的数据类型分为数值型、字符型和日期时间型 3 种。

(　　) 34．数值型数据在单元格中的默认对齐方式为“左对齐”。

(　　) 35．数值型数据包括数字（0～9）组成的字符串，也包括+、-、E、e、$、%、小数点和千分位符号（，），以及特殊字符（如$231、￥12.5）。

(　　) 36．Excel 2007 数值型数据的输入与显示完全相同。

(　　) 37．当数值型数据的输入长度超过单元格的宽度时，Excel 2007 将自动用科学计数法来表示。

（　　）38．字符型数据包括汉字、英文字母、数字、空格及键盘能输入的其他符号。

（　　）39．字符型数据在单元格中的默认对齐方式为“右对齐”。

（　　）40．“hh：mm（am/pm）”是输入时间的格式，其中，am/pm 与时间之间的空格可有或没有。

（　　）41．日期时间型数据在单元格中的默认对齐方式为“右对齐”。

（　　）42．输入当前日期的快捷键为【Ctrl+;】。

（　　）43．输入当前时间的快捷键为【Ctrl+Shift+;】。

（　　）44．数值型数据只能进行+、-、*、/和^（乘方）等算术运算。

（　　）45．字符型数据只能进行字符串连接运算（运算符为&）。

（　　）46．日期时间型数据只能进行加减运算。

（　　）47．Excel 2007 中不同数据类型之间能进行运算。

（　　）48．编辑单元格只有在单元格内直接进行编辑这一种方法。

（　　）49．Excel 2007 提供的“条件格式”功能，可以对选定区域中的单元格数据在指定范围进行动态管理。

（　　）50．公式必须以等号（=）开头，等号后面是参与运算的元素（即运算数）和运算符。运算数可以是常量数值、单元格引用、标志名称或者工作表函数。

（　　）51．文字运算符（&）可用于连接字符串，也可以连接数字。连接字符串时，字符串两边必须加双引号（“ ”）；连接数字时，数字两边的双引号可有可无。

（　　）52．比较运算符用于比较两个数字或字符串，产生逻辑值“TRUE”或“FALSE”。

（　　）53．使用“填充柄”可以快速地将一个公式复制到多个单元格中。

（　　）54．工作表的保护可以防止修改表中的单元格内容及图表、图形等对象。工作簿的保护可以防止修改工作簿的结构和窗口大小。

（　　）55．“锁定”的功能是隐藏公式，当选中单元格时，单元格中的计算公式不会显示在编辑栏中，可以达到所谓的“算法隐蔽”目的。

（　　）56．只有在工作表被保护的情况下，“保护单元格”设置才有效。正确的做法是先保护工作表后保护单元格。

（　　）57．在 Excel 2007 公式中，可以对单元格或单元格区域进行引用。

（　　）58．在 Excel 2007 中，若希望在同一屏幕上同时显示同一工作簿下的多个工作表，可选择“视图”→“窗口”→“新建窗口”命令。

（　　）59．单元格引用分为相对引用、绝对引用和混合引用；单击选中引用单元格的部分，可反复按【F4】键进行引用间的转换。

（　　）60．Excel 2007 工作簿中既有一般工作表又有图表，当单击“Office”按钮，选择“保存”命令时，Excel 2007 将工作表和图表保存到两个不同的文件中。

（　　）61．Excel 2007 的图表建立有两种方式，一种是在原工作表中嵌入图表，另一种是在新工作表中生成图表。

（　　）62．数据透视表与图表类似，它随数据清单中的数据变化而变化。

（　　）63．“分类汇总”是指将表格的数据按照某一个字段的值进行分类，再按这些类别求和、求平均值等。

# 五、实践应用

## 实践一：表格的制作

### （一）效果图

**郴州市缓缴住房公积金申请表**

编号：[200 ]　号

| 单位全称 | | 主管部门 | |
|---|---|---|---|
| 联系地址 | | 邮政编码 | |
| 法定代表人 | 联系人 | 联系电话 | |
| 住房公积金开户银行 | | 单位住房公积金账号 | |
| 末次缴存年月 | 年　月 | 末次缴存比例 | 单位　% 个人　% |
| 末次缴存人数 | 人 | 末次月缴存额 | 元 |
| 现申请：　缓缴　年　月至　年　月的住房公积金 | | | |
| 单位申请原因（可另附报告）：<br><br>经办人：<br>法定代表人签名：　单位公章：<br>年　月　日 | | | |
| 职工代表大会（职代会）意见：<br>经会议讨论通过，同意缓缴申请。会议决议已于　年　月　日至　年　月　日在单位内部公示。<br>职工代表人签名：<br>年　月　日 | | 住房公积金意见：<br>签名：<br>单位公章：<br>年　月　日 | |

说明：

1、本表一式两份，单位、市住房公积金管理中心各留一份。

2、单位须随表附上以下资料：(1) 经职代会或职工大会讨论通过的会议决议书；(2) 申请年度及上年度的财务报表（资产负债表、损益表及其他报表）。

效果图 1

**齐安医疗机构**

**齐安讲堂课程安排表**

| 月/日 | 星期 | 起至时间 | 培训内容 | 参加对象 | 齐安学分 | 主持人 | 主讲人 | 联系人 | 地点 |
|---|---|---|---|---|---|---|---|---|---|
| 11/28 | 一 | 晚上 [illegible] | 1. 禽流感 2. 护士职业礼仪行为规范 | 齐安全体员工 | 2分 | [illegible] | [illegible] | [illegible] | 齐安金尚卫生服务中心3楼 |
| 11/29 | 二 | 晚上 [illegible] | 1. 禽流感 2. 护士职业礼仪行为规范 | 齐安全体员工 | 2分 | [illegible] | [illegible] | [illegible] | 齐安金尚卫生服务中心3楼 |
| 12/5 | 一 | 晚上 [illegible] | [illegible] | 口腔医生 口腔护士 | 2分 | [illegible] | [illegible] | [illegible] | 齐安金尚卫生服务中心3楼 |
| 12/6 | 二 | 晚上 [illegible] | 手术室护理管理 | 护理人员 | 2分 | [illegible] | [illegible] | [illegible] | 齐安金尚卫生服务中心3楼 |
| 12/7 | 三 | 下午 [illegible] | 红细胞白细胞和骨髓细胞形态 | 检验人员 | 2分 | [illegible] | 石 [illegible] | [illegible] | 齐安金尚卫生服务中心3楼 |
| 12/7 | 三 | 晚上 [illegible] | [illegible] | 口腔医生 口腔护士 | 2分 | [illegible] | [illegible] | [illegible] | 齐安金尚卫生服务中心3楼 |
| 12/8 | 四 | 晚上 [illegible] | 手术室护理管理 | 护理人员 | 2分 | [illegible] | [illegible] | [illegible] | 齐安金尚卫生服务中心3楼 |
| 12/11 | 日 | 下午 [illegible] | 红细胞白细胞和骨髓细胞形态 | 检验人员 | 2分 | [illegible] | 石 [illegible] | [illegible] | 齐安金尚卫生服务中心3楼 |
| 12/12 | 一 | 晚上 [illegible] | 如何当好班组长(上) | 齐安全体员工 | 2分 | [illegible] | [illegible] | [illegible] | 齐安金尚卫生服务中心3楼 |
| 12/13 | 二 | 晚上 [illegible] | 如何当好班组长(上) | 齐安全体员工 | 2分 | [illegible] | [illegible] | [illegible] | 齐安金尚卫生服务中心3楼 |
| 12/14 | 三 | 晚上 [illegible] | 如何当好班组长(上) | 齐安全体员工 | 2分 | [illegible] | [illegible] | [illegible] | 齐安金尚卫生服务中心3楼 |
| 12/15 | 四 | 晚上 [illegible] | 如何当好班组长(上) | 齐安全体员工 | 2分 | [illegible] | [illegible] | [illegible] | 齐安金尚卫生服务中心3楼 |
| 12/19 | 一 | 晚上 [illegible] | [illegible] | 药剂人员 | 2分 | [illegible] | [illegible] | [illegible] | 齐安金尚卫生服务中心3楼 |
| 12/20 | 二 | 晚上 [illegible] | 1. 医保知识 2. 电脑收费程序 | 收费人员 财务人员 | 2分 | [illegible] | [illegible] | [illegible] | 齐安金尚卫生服务中心3楼 |
| 12/21 | 三 | 晚上 [illegible] | [illegible] | 药剂人员 | 2分 | [illegible] | [illegible] | [illegible] | 齐安金尚卫生服务中心3楼 |
| 12/22 | 四 | 晚上 [illegible] | 1. 医保知识 2. 电脑收费程序 | 收费人员 财务人员 | 2分 | [illegible] | [illegible] | [illegible] | 齐安金尚卫生服务中心3楼 |
| 12/26 | 一 | 晚上 [illegible] | 考　试 | 齐安全体员工 | 2分 | 人事部 | | | 齐安金尚卫生服务中心3楼 |
| 12/27 | 二 | 晚上 [illegible] | 考　试 | 齐安全体员工 | 2分 | 人事部 | | | 齐安金尚卫生服务中心3楼 |

附注：以上时间如有变动，以临时通知为准。

效果图 2

喝彩·新生活 CHEERING-NEW LIFE

**会议日程表**

各位嘉宾：

承蒙阁下莅临2008生活电器市场年会，我们感到万分荣幸。为了使会议圆满成功，我们需要您的配合支持，敬请详细阅读本会议指南！

| 时间 | 项目 | 内容简介 | | | 地点 |
|---|---|---|---|---|---|
| 17日 | 接待 | 8:00-22:00 | 客户、嘉宾报到及接待 | 一楼 | 大堂 |
| | | | 新闻记者接待 | | |
| | 晚餐 | 18:00-22:00 | 自助晚餐 | 一楼 | 花亮餐厅 |
| 18日 | 产品展示SHOW暨新闻发布会 | 9:30 | 入场 | 二楼 | 大宴会厅 |
| | | 9:30-10:00 | 08年新品参观 | | |
| | | 10:00-12:00 | 产品展示SHOW暨新闻发布会 | | |
| | 午餐 | 12:00-13:00 | 自助午餐 | 一楼 三楼 | 花亮餐厅/静观堂 |
| | 午休 | 13:00-14:30 | | | 各客房 |
| | 入场 | 14:30 | 08年度政策介绍及领导、嘉宾发言、颁奖仪式 | 二楼 | 大宴会厅 |
| | 年度会议 | 15:00-17:00 | | | |
| | 晚宴 | 18:00-20:00 | 中式晚宴 | 二楼 | 大宴会厅 |
| 19日 | 返程 | 8:00-12:00 | 退房返程 | | |

备注：

广东格兰仕集团生活电器销售有限公司

2008年3月15日

效果图 3

HiNet 色情守門員 & 時間管理

活動時間：96年1月1日至96年3月31日止

色情守門員特色：

1.有效防堵色情、暴力、自殺、賭博、毒品、武器六大有害網站。

2.免下載免安裝，機房直接攔截，不影響上網速度。

3.黑名單涵蓋繁中、英、韓、日、法…等多國語言。

4.隨時更新黑名單，攔截率將近100%。

5.還可免費申請家長帳號，暫時解除防堵服務。

時間管理特色：

1.機房直接控管，不需安裝任何軟體。

2.不影響上網速度。

3.有網路即可設定，且有貼心電話服務。

4.遠端遙控家中孩子上網時間，健康安心。

*客服專線：0800-080-412 北區聯絡電話：02-23945512 傳真申請 02-23212084 04-22262844 07-3441212

效果图 4

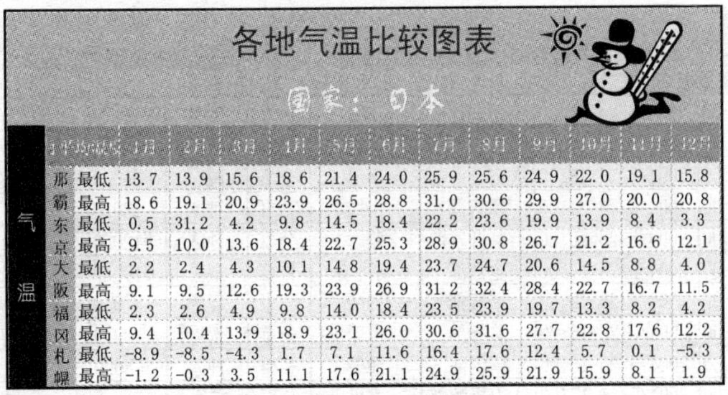

各地气温比较图表

国家：日本

| 气温 | 平均温度 | | 1月 | 2月 | 3月 | 4月 | 5月 | 6月 | 7月 | 8月 | 9月 | 10月 | 11月 | 12月 |
|---|---|---|---|---|---|---|---|---|---|---|---|---|---|---|
| | 那霸 | 最低 | 13.7 | 13.9 | 15.6 | 18.6 | 21.4 | 24.0 | 25.9 | 25.6 | 24.9 | 22.0 | 19.1 | 15.8 |
| | | 最高 | 18.6 | 19.1 | 20.9 | 23.9 | 26.5 | 28.8 | 31.0 | 30.6 | 29.9 | 27.0 | 20.0 | 20.8 |
| | 东京 | 最低 | 0.5 | 31.2 | 4.2 | 9.8 | 14.5 | 18.4 | 22.2 | 23.6 | 19.9 | 13.9 | 8.4 | 3.3 |
| | | 最高 | 9.5 | 10.0 | 13.6 | 18.4 | 22.7 | 25.3 | 28.9 | 30.8 | 26.7 | 21.2 | 16.6 | 12.1 |
| | 大阪 | 最低 | 2.2 | 2.4 | 4.3 | 10.1 | 14.8 | 19.4 | 23.7 | 24.7 | 20.6 | 14.5 | 8.8 | 4.0 |
| | | 最高 | 9.1 | 9.5 | 12.6 | 19.3 | 23.9 | 26.9 | 31.2 | 32.4 | 28.4 | 22.7 | 16.7 | 11.5 |
| | 福冈 | 最低 | 2.3 | 2.6 | 4.9 | 9.8 | 14.0 | 18.4 | 23.5 | 23.9 | 19.7 | 13.3 | 8.2 | 4.2 |
| | | 最高 | 9.4 | 10.4 | 13.9 | 18.9 | 23.1 | 26.0 | 30.6 | 31.6 | 27.7 | 22.8 | 17.6 | 12.2 |
| | 札幌 | 最低 | -8.9 | -8.5 | -4.3 | 1.7 | 7.1 | 11.6 | 16.4 | 17.6 | 12.4 | 5.7 | 0.1 | -5.3 |
| | | 最高 | -1.2 | -0.3 | 3.5 | 11.1 | 17.6 | 21.1 | 24.9 | 25.9 | 21.9 | 15.9 | 8.1 | 1.9 |

效果图 5

华赛尔有限责任公司——员工月考勤记录表

月份：2007年8月份　　本月实际应出勤天数：22天　　上报时间：2007年8月31日

| 编号 | 员工姓名 | 性别 | 职务 | 基本工资 | 出勤天数 | 请假天数 | 请假种类 | 是否是年假 | 应扣工资 |
|---|---|---|---|---|---|---|---|---|---|
| HSR1001 | 刘　勇 | 女 | 办公室主任 | ￥2,500.00 | 22 | 0 | | | |
| HSR1002 | 李　南 | 女 | 办公室副主任 | ￥2,200.00 | 21 | 1 | ◢ | 否 | |
| HSR1003 | 陈双双 | 女 | 经理助理 | ￥2,000.00 | 22 | 0 | | | |
| HSR1004 | 叶小来 | 女 | 研发部主任 | ￥2,000.00 | 20 | 2 | ☆ | 否 | |
| HSR1005 | 林　佳 | 男 | 工程师 | ￥1,800.00 | 22 | 0 | | | |
| HSR1006 | 彭　力 | 男 | 工程师 | ￥1,800.00 | 21.5 | 0.5 | ◆ | 否 | |
| HSR1007 | 范琳琳 | 女 | 工程师 | ￥1,800.00 | 22 | 0 | | | |
| HSR1008 | 易呈亮 | 女 | 工程师 | ￥1,800.00 | 21 | 1 | ◢ | 否 | |
| HSR1009 | 黄海燕 | 女 | 工程师 | ￥1,800.00 | 21.9 | 0.1 | ▩ | 否 | |
| HSR1010 | 张　浩 | 男 | 工程师 | ￥1,800.00 | 22 | 0 | | | |
| HSR1011 | 曾春林 | 男 | 助理工程师 | ￥1,500.00 | 21 | 1 | ◆ | 否 | |
| HSR1012 | 李　锋 | 男 | 工程师 | ￥1,800.00 | 17 | 5 | ★ | 是 | |
| HSR1013 | 彭　洁 | 男 | 工程师 | ￥1,800.00 | 22 | 0 | | | |
| HSR1014 | 徐瑜诚 | 男 | 工程师 | ￥1,800.00 | 19 | 3 | ▼ | 否 | |
| HSR1015 | 丁　昊 | 男 | 助理工程师 | ￥1,500.00 | 21.7 | 0.3 | ▩ | 否 | |
| HSR1016 | 李济东 | 男 | 市场部经理 | ￥1,500.00 | 22 | 0 | | | |
| HSR1017 | 刘　惠 | 男 | 市场调研 | ￥1,000.00 | 19.5 | 2.5 | ☆ | 否 | |
| HSR1018 | 甘倩琦 | 男 | 市场调研 | ￥1,000.00 | 22 | 0 | | | |
| HSR1019 | 许　丹 | 女 | 市场调研 | ￥1,000.00 | 22 | 0 | | | |
| HSR1020 | 李成蹊 | 男 | 市场调研 | ￥1,000.00 | 22 | 0 | | | |
| HSR1021 | 吴　仕 | 男 | 市场调研 | ￥1,000.00 | 20 | 2 | ◆ | 否 | |
| HSR1022 | 孙国成 | 男 | 市场调研 | ￥1,000.00 | 21 | 1 | ◢ | 否 | |
| HSR1023 | 彭小成 | 男 | 工程师 | ￥1,800.00 | 22 | 0 | | | |

效果图 6

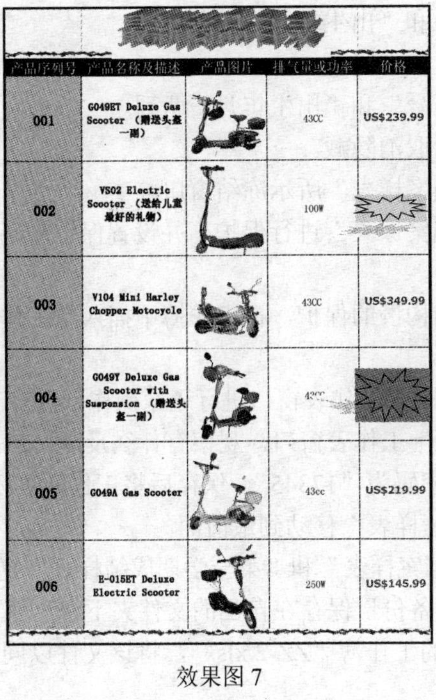

| 产品序列号 | 产品名称及描述 | 产品图片 | 排气量或功率 | 价格 |
|---|---|---|---|---|
| 001 | G049ET Deluxe Gas Scooter （赠送头盔一副） | | 43CC | US$239.99 |
| 002 | VS02 Electric Scooter （送给儿童最好的礼物） | | 100W | |
| 003 | V104 Mini Harley Chopper Motocycle | | 43CC | US$349.99 |
| 004 | G049T Deluxe Gas Scooter with Suspension （赠送头盔一副） | | 43CC | |
| 005 | G049A Gas Scooter | | 43cc | US$219.99 |
| 006 | E-015ET Deluxe Electric Scooter | | 250W | US$145.99 |

效果图 7

| 车辆使用登记卡 | | | | | | | | | | |
|---|---|---|---|---|---|---|---|---|---|---|
| 车辆编号 | 调用时间 | 交车时间 | 调用部门 | 使用职员 | 事由 | 驾驶员 | 耗费 | 应报销金额 | 行车补助 | 批准人 |
| 0003 | 2004/5/24 8:00 | 2004/5/24 15:00 | 财务部 | 李霞 | 公事 | 贺恩 | ¥60.0 | ¥60.0 | ¥0.0 | 李杰臣 |
| 0002 | 2004/5/24 8:00 | 2004/5/24 20:00 | 广告部 | 潘芳 | 公事 | 袁辉 | ¥70.0 | ¥70.0 | ¥30.0 | 李玉兵 |
| 0001 | 2004/5/24 8:00 | 2004/5/24 18:00 | 人力资源部 | 辛迅 | 公事 | 戴军 | ¥50.0 | ¥50.0 | ¥0.0 | 舒雄 |
| 0004 | 2004/5/24 8:00 | 2004/5/24 21:00 | 销售部 | 孙井副 | 私事 | 钟冰 | ¥30.0 | ¥3.0 | ¥44.0 | 蔡霜 |
| 0004 | 2004/5/25 8:00 | 2004/5/25 20:30 | 产品开发部 | 张军 | 公事 | 钟冰 | ¥120.0 | ¥120.0 | ¥37.0 | 蔡霜 |
| 0001 | 2004/5/25 8:00 | 2004/5/25 17:00 | 企划部 | 刘飞清 | 公事 | 戴军 | ¥100.0 | ¥100.0 | ¥0.0 | 李玉兵 |
| 0002 | 2004/5/25 8:00 | 2004/5/25 19:30 | 销售部 | 孙井副 | 公事 | 袁辉 | ¥70.0 | ¥70.0 | ¥22.0 | 舒雄 |
| 0003 | 2004/5/25 8:00 | 2004/5/25 16:00 | 总务部 | 罗聪 | 公事 | 贺恩 | ¥89.0 | ¥89.0 | ¥0.0 | 李杰臣 |
| 0004 | 2004/5/26 8:00 | 2004/5/26 12:00 | 广告部 | 潘芳 | 私事 | 钟冰 | ¥80.0 | ¥8.0 | ¥0.0 | 李玉兵 |
| 0001 | 2004/5/26 8:00 | 2004/5/26 17:00 | 人力资源部 | 辛迅 | 公事 | 戴军 | ¥50.0 | ¥50.0 | ¥0.0 | 蔡霜 |
| 0003 | 2004/5/26 8:00 | 2004/5/26 18:00 | 销售部 | 孙井副 | 公事 | 贺恩 | ¥90.0 | ¥90.0 | ¥0.0 | 李杰臣 |
| 0002 | 2004/5/26 8:00 | 2004/5/26 19:00 | 研发部 | 刘鑫 | 公事 | 袁辉 | ¥125.0 | ¥125.0 | ¥14.0 | 舒雄 |
| 0002 | 2004/5/27 8:00 | 2004/5/27 19:00 | 财务部 | 李霞 | 公事 | 袁辉 | ¥70.0 | ¥70.0 | ¥14.0 | 李杰臣 |
| 0004 | 2004/5/27 8:00 | 2004/5/27 19:00 | 广告部 | 潘芳 | 公事 | 钟冰 | ¥30.0 | ¥30.0 | ¥14.0 | 蔡霜 |
| 0001 | 2004/5/27 8:00 | 2004/5/27 20:00 | 人力资源部 | 辛迅 | 公事 | 戴军 | ¥35.0 | ¥35.0 | ¥30.0 | 舒雄 |
| 0003 | 2004/5/27 8:00 | 2004/5/27 17:00 | 销售部 | 孙井副 | 公事 | 贺恩 | ¥45.0 | ¥45.0 | ¥0.0 | 李玉兵 |
| 0002 | 2004/5/28 8:00 | 2004/5/28 17:00 | 产品开发部 | 张军 | 私事 | 袁辉 | ¥20.0 | ¥2.0 | ¥0.0 | 李杰臣 |
| 0004 | 2004/5/28 8:00 | 2004/5/28 17:00 | 广告部 | 潘芳 | 公事 | 钟冰 | ¥90.0 | ¥90.0 | ¥0.0 | 蔡霜 |
| 0001 | 2004/5/28 8:00 | 2004/5/28 21:00 | 秘书部 | 陈春霞 | 公事 | 戴军 | ¥80.0 | ¥80.0 | ¥44.0 | 舒雄 |
| 0003 | 2004/5/28 8:00 | 2004/5/28 23:00 | 销售部 | 孙井副 | 公事 | 贺恩 | ¥130.0 | ¥130.0 | ¥75.0 | 李玉兵 |

效果图 8

### （二）实践要求

1．打开素材文件夹下的工作簿“ZZ-1.xlsx”，将该文件以同名保存在自己的文件夹中，进行如下操作：

（1）选定工作表“学籍档案原表”。

（2）隐藏“身份证号”和“出生年月”两列。

（3）对前面隐藏的列，取消隐藏。

（4）重新隐藏“身份证号”和“出生年月”两列。

（5）隐藏工作簿，然后取消隐藏。

（6）按工作表“学籍档案样表”所示冻结窗口。

（7）将工作表“学籍档案原表”进行保护，并设置保护密码为“12345”。选定该表的任意单元格，观察有什么反映。

（8）将工作簿进行“结构”的保护，在工作簿中插入新工作表，观察有什么反映，然后撤销工作簿的保护。

（9）先将“学籍档案原表”工作表窗口进行还原操作，再将工作簿进行“窗口”的保护，然后再移动“学籍档案原表”工作表窗口，观察有什么反映，然后撤销工作簿的保护。

（10）为该工作簿设置密码为“12345”，保存后将工作簿关闭，然后再打开该工作簿。

（11）将“第一学期成绩样表”移动到最前面。

（12）将工作表“学籍档案样表”和“第一学期成绩样表”复制到一个新的工作簿，将该工作簿以文件名为“成绩表备份”保存在自己的文件夹下。

2．打开素材文件夹下的工作簿“ZZ-2.xlsx”，将该文件以同名保存在自己的文件夹中，按下列要求进行操作。

（1）设置工作表行、列：

- 在标题行下方插入一行，行高为6。
- 将“郑州”一行移至“商丘”一行的上方。
- 删除第“G”列（空列）。

（2）设置单元格格式：

- 将单元格区域B2:G2合并及居中；设置字体为华文行楷，字号为18，颜色为靛蓝。
- 将单元格区域B4:G4的对齐方式设置为水平居中。
- 将单元格区域B4:B10的对齐方式设置为水平居中。
- 将单元格区域B2:G2的底纹设置为淡蓝色。
- 将单元格区域B4:G4的底纹设置为浅黄色。

（3）设置表格边框线：将单元格区域B4:G10的上边线设置为靛蓝色的粗实线，其他各边线设置为细实线，内部框线设置为虚线。

（4）插入批注：为“0”（C7）单元格插入批注“该季度没有进入市场”。

（5）重命名并复制工作表：将sheet1工作表重命名为“销售情况表”，并将此工作表复制到Sheet2工作表中。

（6）设置打印标题：在Sheet2工作表第11行的上方插入分页线；设置表格的标题为打印标题。

3．打开素材文件夹下的工作簿“ZZ-3.xlsx”，将该文件以同名保存在自己的文件夹中，并按下列要求进行操作，效果图如下所示。

| | | 2003年 | 2004年 | | |
|---|---|---|---|---|---|
| 帐目 | 项目 | 实际支出 | 预计支出 | 调配拔款 | 差额 |
| 001 | 员工工资 | ￥204,186.00 | ￥260,000.00 | ￥250,000.00 | ￥10,000.00 |
| 002 | 各种保险费用 | ￥75,000.00 | ￥79,000.00 | ￥85,000.00 | ￥6,000.00 |
| 003 | 设备维修费用 | ￥38,000.00 | ￥40,000.00 | ￥42,000.00 | ￥2,000.00 |
| 004 | 通讯费 | ￥19,000.00 | ￥22,000.00 | ￥24,000.00 | ￥2,000.00 |
| 005 | 差旅费 | ￥7,800.00 | ￥8,100.00 | ￥10,000.00 | ￥900.00 |
| 006 | 广告费 | ￥5,600.00 | ￥6,800.00 | ￥8,500.00 | ￥1,700.00 |
| 007 | 水电费 | ￥1,600.00 | ￥5,300.00 | ￥5,500.00 | ￥200.00 |
| 总和 | | ￥351,186.00 | ￥421,200.00 | ￥425,000.00 | |

（1）设置工作表行、列：

- 在标题行下方插入一行，设置行高为7.5。
- 将“003”一行移至“002”一行的下方。
- 删除“007”行上方的一行（空行）。
- 调整第“C“列的宽度为11.88。

（2）设置单元格格式：

- 将单元格区域B2:G2合并及居中；设置字体为华文行楷，字号为20，字体颜色为蓝-灰。
- 将单元格区域D6:G13应用货币符号￥，负数格式为-1234.10（红色）。
- 分别将单元格区域“B4:C4”、“E4:G4”、“B13:C13”合并及居中。
- 将单元格区域B4:G13的对齐方式设置为水平居中；为单元格区域B4:C13设置棕黄色

的底纹；为单元格区域 D4:G13 设置青绿色的底纹。

（3）设置表格边框线：将单元格区域 B4:G13 的外边框和内边框设置为红色的双实线。

（4）插入批注：为“￥10，000.00（G6）”单元格插入批注“超支”。

（5）重命名并复制工作表：将 Sheet1 工作表重命名为“2004 年宏远公司预算表”，将此工作表复制到 Sheet2 工作表中。

（6）设置打印标题：在 Sheet2 工作表的第 15 行前插入分页线；设置表格标题为打印标题。

4．打开素材文件夹下的工作簿“ZZ-4.xls”，将该文件以同名保存在自己的文件夹中，并按下列要求进行操作，效果图如下所示。

| 优选的监测交通干线实测数据（1989年） | | | | | | | |
|---|---|---|---|---|---|---|---|
| 优选干线 | dB(A) | | | | | 车流量 | 路长 |
| | $L_{10}$ | $L_{50}$ | $L_{90}$ | $L_{eq}$ | δ | （辆/h） | (km) |
| 重工街 | 74 | 67 | 61 | 69.5 | 5.1 | 723 | 3.2 |
| 肇工街 | 73 | 63 | 57 | 71.7 | 6.1 | 247 | 3.9 |
| 北二路 | 76 | 67 | 61 | 73.5 | 5.1 | 472 | 5.7 |
| 南十路 | 72 | 63 | 57 | 69.9 | 5.6 | 240 | 3.8 |
| 沈辽中路 | 76 | 71 | 66 | 72.9 | 3.8 | 1363 | 4.5 |
| 崇山西路 | 75 | 70 | 65 | 72.6 | 4 | 1430 | 4.5 |
| 市府大街 | 77 | 70 | 64 | 73.5 | 4.7 | 1079 | 3.1 |
| 珠林路 | 78 | 71 | 65 | 74.5 | 5.1 | 959 | 2 |
| 三好街 | 74 | 66 | 60 | 71 | 5.2 | 435 | 3.5 |
| 三经街 | 72 | 64 | 58 | 73.3 | 6.3 | 312 | 1.6 |
| 青年大街 | 77 | 70 | 65 | 73.6 | 4.9 | 1252 | 4.6 |

（1）设置工作表行、列：

- 在“三好街”所在行的上方插入一行，并输入如样文所示的内容。
- 删除“F”列。
- 设置标题行的高度为 27.00。

（2）设置单元格格式：

- 将单元格区域 B2:I2 合并及居中；设置字体为宋体，字号为 20，字体颜色为浅绿色；设置深灰色的底纹。
- 将单元格“B3”及其下方的“B4”的单元格合并为一个单元格。
- 分别将单元格区域 C3:G3 合并及居中。
- 将单元格区域 B3:I15 的对齐方式设置为水平居中，垂直居中；设置鲜绿色的底纹。

（3）设置表格边框线：将单元格区域 B3:I15 的外边框设置为紫色的粗虚线，内部框线为蓝色的细虚线。

（4）插入批注：为“1430”（H13）单元格插入批注“车流量大”。

（5）重命名并复制工作表：将 Sheet1 工作表重命名为“优选的监测交通干线实测数据表”，将此工作表复制到 Sheet2 工作表中。

（6）设置打印标题：在 Sheet2 工作表的第 12 行前插入分页线；设置表格标题为打印标题。

5．打开素材文件夹下的工作簿“ZZ-5.xls”，将该文件以同名保存自己的文件夹中，并按下列要求进行操作，效果图如下所示。

| 列强在非洲占有的土地、人口 | | | |
|---|---|---|---|
| 国家 | 土地面积（平方千米） | 非洲土地的百分 | 人口 |
| 法国 | 1090多万 | 35.90% | 3000多万 |
| 英国 | 880多万 | 29% | 4000-5000万 |
| 德国 | 250多万 | 8% | 1000万 |
| 比利时 | 230多万 | 7.50% | 1500多万 |
| 意大利 | 225万 | 7.40% | 100多万 |
| 葡萄牙 | 208万 | 6.80% | 500万 |

（1）设置工作表行、列：

- 在“美国”一行下方插入一行，并输入如样文所示的内容。
- 将“人口”一列与“占非洲土地的百分比”一列交换位置。
- 调整表格 C、D、E 列的宽度分别为 19.75、22.38、11.50。

（2）设置单元格格式：

- 将单元格区域 B2:E2 合并及居中；设置字体为隶书，字号为 20，字体颜色为青色；设置浅绿色的底纹。
- 将单元格区域 B3:E9 的对齐方式设置为水平居中；设置字体为仿宋，字体颜色为浅桔色；设置蓝-灰色的底纹。

（3）设置表格边框线：将表格的外边框设置为天蓝色的粗实线，内部框线为浅绿色的细实线。

（4）插入批注：为“法国”（B4）单元格插入批注“占有土地面积最大”。

（5）重命名并复制工作表：将 Sheet1 工作表重命名为“列强在非洲占有的土地、人口”，将此工作表复制到 Sheet2 工作表中。

（6）设置打印标题：在 Sheet2 工作表的第 6 行前插入分页线；设置表格标题为打印标题。

6．工作表的打印设置。打开素材文件夹下的工作簿“ZZ-6.xlsx”，将该文件保存在自己的文件夹中。对工作表“06 机电 1 平时成绩登记册”进行下列设置。

（1）设置打印方向为横向、纸张大小为 A4。

（2）适当设置页边距。

（3）设置页脚显示：作者、页码和日期。

（4）设置顶端打印标题为表格内容的 1～5 行。

（5）预览结果。

7．参照“素材”文件夹中的“缓缴住房公积金申请表.png”文件，使用 Word 制作如效果图 1 所示的表格

8．参照“素材”文件夹中的“课程安排表.png”文件，使用 Word 制作如效果图 2 所示的表格。

9．参照“素材”文件夹中的“日程表.png”文件，使用 Word 制作如效果图 3 所示的表格。

10．参照“素材”文件夹中的“活动申请表.png”文件，使用 Word 制作如效果图 4 所示的表格。

11．参照“素材”文件夹中的“气温比较表.png”文件，使用 Excel 制作如效果图 5 所示的表格。

12．参照“素材”文件夹中的“考勤记录表.png”文件，使用 Excel 制作如效果图 6 所示的表格。

13．参照“素材”文件夹中的“商品目录表.png”文件，使用 Excel 制作如效果图 7 所示的表格。

14．参照“素材”文件夹中的“车辆使用登记表.png”文件，使用 Excel 制作如效果图 8 所示的表格。

## 实践二：数据计算

### （一）效果图

| | B | C | D | E | F | G | H |
|---|---|---|---|---|---|---|---|
| 1 | 科　　室 | 姓　名 | 基本工资 | 补助工资 | 应发工资 | 扣　款 | 实发工资 |
| 2 | 人　事　科 | 袁振业 | 1000.00 | 100.00 | 1100.00 | 15.00 | 1085.00 |
| 3 | 人　事　科 | 石晓珍 | 1000.00 | 100.00 | 1100.00 | 15.00 | 1085.00 |
| 4 | 教　务　科 | 杨圣洁 | 100.00 | 200.00 | 300.00 | 0.00 | 300.00 |
| 5 | 教　务　科 | 杨建兰 | 2102.00 | 100.00 | 2202.00 | 70.10 | 2131.90 |
| 6 | 人　事　科 | 石卫国 | 2100.00 | 100.00 | 2200.00 | 70.00 | 2130.00 |
| 7 | 人　事　科 | 石达根 | 5000.00 | 200.00 | 5200.00 | 220.00 | 4980.00 |
| 8 | 教　务　科 | 石晓桃 | 1000.00 | 1000.00 | 2000.00 | 60.00 | 1940.00 |
| 9 | 财　务　科 | 杨圣洪 | 5000.00 | 2300.00 | 7300.00 | 325.00 | 6975.00 |
| 10 | 财　务　科 | 杨　帆 | 2000.00 | 100.00 | 2100.00 | 65.00 | 2035.00 |
| 11 | 财　务　科 | 石卫平 | 8000.00 | 100.00 | 8100.00 | 365.00 | 7735.00 |
| 12 | | | | | | | |
| 13 | 教务科的基本工资和 | | 3202 | | | | |
| 14 | 财务科的人数 | | 3 | | | | |
| 15 | 基本工资等于1000的人数 | | 3 | | | | |
| 16 | 人事科的各项工资数据和 | | 9100 | 500 | 9600 | 320 | 2170 |
| 17 | 补助工资为100元人员各项工资数据的和 | | 16202 | 600 | 16802 | 600.1 | 16201.9 |
| 18 | 补助工资为100元以上人员各项工资数据的和 | | 11100 | 3700 | 14800 | 605 | 14195 |
| 19 | 姓石的人的各项工资数据和 | | 17100 | 1500 | 18600 | 730 | 17870 |
| 20 | | | | | | | |

效果图 1

| | A | B | C | D | E | F | G | H | I | J | K |
|---|---|---|---|---|---|---|---|---|---|---|---|
| 1 | 计算机九专5班第一学期成绩表 | | | | | | | | | | |
| 2 | 序号 | 姓名 | 网页制作 | 程序设计 | C语言 | PAGEMAKER | 总分 | 平均 | 名次 | 等级 | |
| 3 | 1 | 黄京浩 | 86 | 98 | 68 | 86 | 338 | 84.50 | 9 | 良 | |
| 4 | 2 | 杨易 | 84 | 86 | 68 | 84 | 321 | 80.25 | 17 | 良 | |
| 5 | 3 | 谢云 | 87 | 82 | 84 | 46 | 298 | 74.50 | 28 | 中 | |
| 6 | 4 | 钢颗易 | 96 | 95 | 78 | 96 | 363 | 90.75 | 2 | 优秀 | |
| 7 | 5 | 彭易飞 | 68 | 98 | 98 | 68 | 332 | 83.00 | 12 | 良 | |
| 8 | 6 | 常芳 | 68 | 61 | 96 | 98 | 323 | 80.75 | 16 | 良 | |
| 9 | 7 | 杨得易 | 84 | 48 | 98 | 84 | 314 | 78.50 | 20 | 中 | |
| 10 | 8 | 李云楚 | 80 | 74 | 92 | 96 | 342 | 85.50 | 7 | 良 | |
| 11 | 9 | 谢云易 | 66 | 95 | 84 | 82 | 315 | 78.75 | 19 | 中 | |
| 12 | 10 | 钢颗 | 96 | 97 | 96 | 93 | 382 | 95.50 | 1 | 优秀 | |
| 13 | 11 | 彭易 | 68 | 49 | 82 | 80 | 279 | 69.75 | 29 | 及格 | |
| 14 | 12 | 常飞芳 | 57 | 94 | 95 | 89 | 313 | 78.25 | 21 | 中 | |
| 15 | 13 | 黄浩 | 92 | 81 | 98 | 64 | 335 | 83.75 | 10 | 良 | |
| 16 | 14 | 杨京易 | 64 | 62 | 61 | 60 | 237 | 59.25 | 31 | 差 | |
| 17 | 15 | 李云京 | 46 | 46 | 50 | 68 | 209 | 52.25 | 32 | 差 | |
| 18 | 16 | 谢京云 | 78 | 85 | 49 | 89 | 299 | 74.75 | 27 | 中 | |
| 19 | 17 | 常易芳 | 68 | 94 | 62 | 87 | 311 | 77.75 | 22 | 中 | |
| 20 | 18 | 杨京 | 86 | 92 | 86 | 85 | 347 | 86.75 | 6 | 良 | |
| 21 | 19 | 李小云 | 84 | 65 | 74 | 87 | 308 | 77.00 | 23 | 中 | |
| 22 | 20 | 张小云 | 78 | 94 | 93 | 69 | 334 | 83.50 | 11 | 良 | |
| 23 | 21 | 常京芳 | 68 | 82 | 94 | 97 | 341 | 85.25 | 8 | 良 | |
| 24 | 22 | 何易 | 64 | 96 | 62 | 95 | 304 | 76.00 | 25 | 中 | |
| 25 | 23 | 王京浩 | 84 | 97 | 89 | 64 | 324 | 81.00 | 15 | 良 | |
| 26 | 24 | 周易 | 94 | 94 | 76 | 86 | 349 | 87.25 | 5 | 良 | |
| 27 | 25 | 李芳云 | 68 | 92 | 96 | 94 | 350 | 87.50 | 4 | 良 | |
| 28 | 26 | 柳云 | 96 | 94 | 68 | 68 | 326 | 81.50 | 14 | 良 | |
| 29 | 27 | 钢易 | 86 | 86 | 95 | 96 | 361 | 90.25 | 3 | 优秀 | |
| 30 | 28 | 彭飞 | 84 | 64 | 64 | 70 | 272 | 68.00 | 30 | 及格 | |
| 31 | 29 | 何芳 | 78 | 81 | 84 | 84 | 327 | 81.75 | 13 | 良 | |
| 32 | 30 | 杨王易 | 96 | 94 | 68 | 69 | 317 | 79.25 | 18 | 中 | |
| 33 | 31 | 李云工 | 68 | 79 | 68 | 96 | 301 | 75.25 | 26 | 中 | |
| 34 | 32 | 张云 | 68 | 86 | 84 | 68 | 306 | 76.50 | 24 | 中 | |
| 35 | >=90分人数 | | 6 | 16 | 11 | 9 | | 5 | | | |
| 36 | 80-89分的人数 | | 10 | 8 | 7 | 12 | | 14 | | | |
| 37 | 70-79分的人数 | | 3 | 2 | 3 | 1 | | 11 | | | |
| 38 | 60-69分的人数 | | 8 | 4 | 7 | 7 | | 2 | | | |
| 39 | 不及格人数 | | 6 | 3 | 4 | 5 | | 2 | | | |
| 40 | | 平均分 | 2440.00 | 2630.00 | 2535.00 | 2573.00 | | 2544.50 | | | |
| 41 | | 总分 | 76.25 | 82.1875 | 79.21875 | 80.40625 | | 79.5156 | | | |

效果图 2

|  | A | B | C | D | E | F | G | H |
|---|---|---|---|---|---|---|---|---|
| 1 | 各车间设备情况表 | | | | | | | |
| 2 | 设备名称 | 型号 | 单价 | 进货数量 | 折损数量 | 进货总额 | 折损总额 | |
| 3 | 车床 | X-125 | 8600 | 3 | 2 | 25800 | 17200 | |
| 4 | 车床 | X-226 | 6500 | 5 | 2 | 32500 | 13000 | |
| 5 | 车床 | X-587 | 6000 | 6 | 3 | 36000 | 18000 | |
| 6 | 车床 | X-128 | 8800 | 4 | 1 | 35200 | 8800 | |
| 7 | 加工中心 | Y-765 | 1600000 | 6 | 1 | 9600000 | 1600000 | |
| 8 | 加工中心 | Y-768 | 1650000 | 5 | 1 | 8250000 | 1650000 | |
| 9 | 加工中心 | Y-967 | 1750000 | 5 | 0 | 8750000 | 0 | |
| 10 | 铣床 | C-101 | 5400 | 4 | 2 | 21600 | 10800 | |
| 11 | 铣床 | C-502 | 9700 | 4 | 1 | 38800 | 9700 | |
| 12 | 铣床 | C-601 | 13500 | 5 | 1 | 67500 | 13500 | |
| 13 | 铣床 | C-701 | 11100 | 2 | 0 | 22200 | 0 | |
| 14 | 铣床 | C-705 | 8900 | 3 | 1 | 26700 | 8900 | |
| 15 | | | | | | | | |

效果图 3

## （二）实践要求

1．打开“素材”文件夹下的工作簿“工资表.xlsx”，将该文件以同名保存在自己的文件夹中，按下列要求进行操作，效果如效果图 1 所示。

（1）计算每个人的应发工资。

（2）求出每个人的扣款：当“应发工资”小于 800 元时，“扣款”值为 0，当“应发工资”超过 800 元时，“扣款”值为（应发工资-800）*5%。

（3）求出每个人的实发工资。

（4）计算“工资表”中“教务科”的“基本工资”总和。

（5）统计“工资表”中“财务科”的人数与“基本工资”等于 1000 元的人数。

（6）计算“工资表”中科室为“人事科”的同志的各项工资数据的和。

（7）分别计算补助工资为 100 元的那些人员各项工资数据的和。

（8）分别计算补助工资为 100 元以上的那些人员各项工资数据的和。

（9）分别计算所有姓“石”的人的各项工资数据和。

2．打开“素材”文件夹下的工作簿“成绩表.xlsx”，将该文件以同名保存在自己的文件夹中，按下列要求进行操作，效果如效果图 2 所示。

（1）选择工作表“第一学期成绩原表”：

① 求出每个同学的总分，平均分和名次。

② 求出每门课的总分、平均分。

③ 求出每门课和总评中的≥90 分人数、80～89 分的人数、70～79 分的人数、60～69 分的人数、不及格人数。

④ 求出每个学生的等级，如果总评分数“≥90 分”则为“优秀”，分数在“80～89 分”之间为“良”，分数在“70～79 分”为“中”，分数在“60～69 分”为“及格”，分数“<60 分”为“差”。

（2）选择工作表“成绩表”：求出工作表“成绩表”中的平时平均和总评成绩，其中总评=平时平均*20%+期中成绩*30%+期末成绩*50%，而且总评要求小数部分四舍五入。

3．打开“素材”文件夹下的工作簿“设备情况表.xlsx”，将该文件以同名保存在自己的文件夹中。计算每种设备的“进货总额”与“折损总额”，结果分别放在相应的单元格中，如效果图3所示。

## 实践三：数据统计分析

### （一）效果图

| 浙江省两县1982－1989年预算内财政支出表 | | | | | | | 万元 |
|---|---|---|---|---|---|---|---|
| 时期 | 地区 | 支援农 | 经济建 | 卫生科 | 行政管 | 优抚 | 其它 |
| 1986 | 胡宁 | 214.10 | 714.80 | 1095.10 | 561.20 | 80.80 | 401.13 |
| 1988 | 胡宁 | 326.30 | 650.70 | 1556.40 | 758.50 | 118.50 | 775.10 |

效果图1

| 编 | 科 | 姓 | 基本工 | 补助工 | 应发工 | 扣 | 实发工 |
|---|---|---|---|---|---|---|---|
| 3 | 教务科 | 杨圣洁 | 100.00 | 200.00 | 300.00 | 0.00 | 300.00 |
| 4 | 教务科 | 杨建兰 | 2102.00 | 100.00 | 2202.00 | 70.10 | 2131.90 |
| 7 | 教务科 | 石晓桃 | 1000.00 | 1000.00 | 2000.00 | 60.00 | 1940.00 |
| 8 | 财务科 | 杨圣洪 | 5000.00 | 2300.00 | 7300.00 | 100.00 | 7200.00 |
| 9 | 财务科 | 杨帆 | 2000.00 | 100.00 | 2100.00 | 65.00 | 2035.00 |
| 10 | 财务科 | 石卫平 | 8000.00 | 100.00 | 8100.00 | 365.00 | 7735.00 |

效果图2

| 编号 | 科室 | 姓名 | 基本工资 | 补助工资 | 应发工资 | 扣款 | 实发工资 |
|---|---|---|---|---|---|---|---|
| 4 | 教务科 | 杨建兰 | 2102.00 | 100.00 | 2202.00 | 70.10 | 2131.90 |
| 9 | 财务科 | 杨帆 | 2000.00 | 100.00 | 2100.00 | 65.00 | 2035.00 |

效果图3

| 地区 | 城市 | 食品 | 服装 | 日常生活用品 | 耐用消费品 |
|---|---|---|---|---|---|
| 东北 | 长春 | 85.20 | 96.70 | 91.40 | 93.30 |
| 华北 | 天津 | 84.30 | 93.30 | 89.30 | 90.10 |
| 华北 | 郑州 | 84.40 | 93.00 | 90.90 | 90.07 |
| 华东 | 济南 | 85.00 | 93.30 | 93.60 | 90.10 |
| 华东 | 南京 | 87.35 | 97.00 | 95.50 | 93.55 |

效果图4

| 姓名 | 平时1 | 平时2 | 平时3 | 平时4 | 平时和 | 平时平均 | 期中 | 期末 | 总评 |
|---|---|---|---|---|---|---|---|---|---|
| 杨建兰 | 100 | 98 | 94 | 35 | 327 | 81.75 | 78 | 98 | 88.75 |
| 杨圣洁 | 90 | 65 | 78 | 56 | 289 | 72.25 | 68 | 78 | 73.85 |
| 石晓桃 | 100 | 98 | 78 | 78 | 354 | 88.5 | 87 | 78 | 82.8 |
| 杨圣洪 | 100 | 25 | 89 | 89 | 303 | 75.75 | 89 | 89 | 86.35 |
| 石达根 | 100 | 100 | 78 | 98 | 376 | 94 | 98 | 69 | 82.7 |

效果图5

| | A | B | C | D | E | F | G | H | I |
|---|---|---|---|---|---|---|---|---|---|
| 1 | 编号 | 科室 | 姓名 | 基本工资 | 补助工资 | 应发工资 | 扣款 | 实发工资 | |
| 2 | 8 | 财务科 | 杨圣洪 | 5000.00 | 2300.00 | 7300.00 | 100.00 | 7200.00 | |
| 3 | 9 | 财务科 | 杨帆 | 2000.00 | 100.00 | 2100.00 | 65.00 | 2035.00 | |
| 4 | 10 | 财务科 | 石卫平 | 8000.00 | 100.00 | 8100.00 | 365.00 | 7735.00 | |
| 5 | | **财务科汇总** | | 15000.00 | 2500.00 | 17500.00 | 530.00 | 16970.00 | |
| 6 | 3 | 教务科 | 杨圣洁 | 100.00 | 200.00 | 300.00 | 0.00 | 300.00 | |
| 7 | 4 | 教务科 | 杨建兰 | 2102.00 | 100.00 | 2202.00 | 70.10 | 2131.90 | |
| 8 | 7 | 教务科 | 石晓桃 | 1000.00 | 1000.00 | 2000.00 | 60.00 | 1940.00 | |
| 9 | | **教务科汇总** | | 3202.00 | 1300.00 | 4502.00 | 130.10 | 4371.90 | |
| 10 | 1 | 人事科 | 袁振业 | 1000.00 | 100.00 | 1100.00 | 15.00 | 1085.00 | |
| 11 | 2 | 人事科 | 石晓珍 | 1000.00 | 100.00 | 1100.00 | 15.00 | 1085.00 | |
| 12 | 5 | 人事科 | 石卫国 | 2100.00 | 100.00 | 2200.00 | 70.00 | 2130.00 | |
| 13 | 6 | 人事科 | 石达根 | 5000.00 | 200.00 | 5200.00 | 220.00 | 4980.00 | |
| 14 | | **人事科汇总** | | 9100.00 | 500.00 | 9600.00 | 320.00 | 9280.00 | |
| 15 | | **总计** | | 27302.00 | 4300.00 | 31602.00 | 980.10 | 30621.90 | |
| 16 | | | | | | | | | |

效果图6

| | A | B | C | D | E | F | G | H |
|---|---|---|---|---|---|---|---|---|
| 1 | **计算机信息高新技术考试(CITT)考生登记表** | | | | | | | |
| 2 | **姓名** | **性别** | **年龄** | **职业** | **模块** | **日期** | **总分** | |
| 3 | 高海燕 | 女 | 20 | 学生 | Internet应用 | 1997-8-16 | 80.6 | |
| 4 | 赵川 | 女 | 20 | 学生 | Internet应用 | 1997-6-1 | 77.1 | |
| 5 | | | | | **Internet应用 最大值** | | 80.6 | |
| 6 | 徐娟 | 女 | 21 | 秘书 | 办公应用 | 1997-8-16 | 80.1 | |
| 7 | 刘永森 | 男 | 32 | 学生 | 办公应用 | 1997-8-14 | 92.0 | |
| 8 | | | | | **办公应用 最大值** | | 92.0 | |
| 9 | 吴政华 | 男 | 21 | 教师 | 计算机速记 | 1997-4-6 | 81.1 | |
| 10 | | | | | **计算机速记 最大值** | | 81.1 | |
| 11 | 王蕊 | 女 | 23 | 教师 | 数据库 | 1997-7-16 | 79.4 | |
| 12 | 王芳 | 女 | 22 | 秘书 | 数据库 | 1997-8-26 | 84.0 | |
| 13 | | | | | **数据库 最大值** | | 84.0 | |
| 14 | 吴兰 | 女 | 20 | 教师 | 图形图像处理 | 1997-2-16 | 68.3 | |
| 15 | | | | | **图形图像处理 最大值** | | 68.3 | |
| 16 | | | | | **总计最大值** | | 92.0 | |
| 17 | | | | | | | | |

效果图7

| | A | B | C | D | E | F |
|---|---|---|---|---|---|---|
| 1 | **部分装修材料价格表** | | | | | |
| 2 | **商品名称** | **规格** | **单位** | **最高价格** | **最低价格(元)** | |
| 3 | 防水板 | 12A | 张 | 22 | 20.4 | |
| 4 | 防水板 | 9.5A | 张 | 21 | 19.5 | |
| 5 | **防水板 平均值** | | | 21.5 | 19.95 | |
| 6 | 进口三合板 | 1220×2440× | 张 | 45 | 43 | |
| 7 | **进口三合板 平均值** | | | 45 | 43 | |
| 8 | 耐火石膏板 | 12A | 张 | 14 | 12 | |
| 9 | 耐火石膏板 | 9.5A | 张 | 12.5 | 11.98 | |
| 10 | **耐火石膏板 平均值** | | | 13.25 | 11.99 | |
| 11 | 刨花板 | 1220×2440× | 张 | 35 | 30 | |
| 12 | **刨花板 平均值** | | | 35 | 30 | |
| 13 | 水泥压力板 | 4mm | 张 | 48 | 43 | |
| 14 | 水泥压力板 | 5mm | 张 | 55 | 49.5 | |
| 15 | **水泥压力板 平均值** | | | 51.5 | 46.25 | |
| 16 | **总计平均值** | | | 31.5625 | 28.6725 | |
| 17 | | | | | | |

效果图8

| | A | B | C | D | E |
|---|---|---|---|---|---|
| 1 | 销售人员 | 类型 | 销售单位 | 销售数量 | |
| 2 | 刘键 | 牛奶 | 枫树小学 | 546 | |
| 3 | 刘键 | 牛奶 | 望城一中 | 2566 | |
| 4 | 刘键 | 牛奶 | 长沙一中 | 3210 | |
| 5 | 刘键 | 牛奶 | 长沙二中 | 3650 | |
| 6 | | **牛奶 汇总** | | 9972 | |
| 7 | 刘键 | 肉 | 枫树小学 | 321 | |
| 8 | 刘键 | 肉 | 望城一中 | 950 | |
| 9 | | **肉 汇总** | | 1271 | |
| 10 | **刘键 汇总** | | | 11243 | |
| 11 | 张德平 | 牛奶 | 和平小学 | 1563 | |
| 12 | 张德平 | 牛奶 | 雷锋中学 | 2684 | |
| 13 | 张德平 | 牛奶 | 雅礼中学 | 2890 | |
| 14 | | **牛奶 汇总** | | 7137 | |
| 15 | 张德平 | 肉 | 和平小学 | 253 | |
| 16 | 张德平 | 肉 | 雷锋中学 | 365 | |
| 17 | | **肉 汇总** | | 618 | |
| 18 | **张德平 汇总** | | | 7755 | |
| 19 | | **总计** | | 18998 | |
| 20 | **总计** | | | 18998 | |
| 21 | | | | | |

效果图 9

| | A | B | C | D | E | F | G | H | I |
|---|---|---|---|---|---|---|---|---|---|
| 1 | | 课程安排表 | | | | | | | |
| 2 | 班级 | 课程名称 | 人数 | 课时 | | 课程安排统计表 | | | |
| 3 | 2 | 德育 | 50 | 26 | | 课程名称 | 人数 | 课时 | |
| 4 | 6 | 德育 | 59 | 28 | | 德育 | 285 | 186 | |
| 5 | 9 | 德育 | 50 | 36 | | 离散数学 | 262 | 233 | |
| 6 | 5 | 德育 | 50 | 61 | | 体育 | 242 | 237 | |
| 7 | 4 | 德育 | 76 | 35 | | 线性代数 | 306 | 177 | |
| 8 | 2 | 离散数学 | 51 | 53 | | 哲学 | 363 | 186 | |
| 9 | 6 | 离散数学 | 44 | 21 | | | | | |
| 10 | 9 | 离散数学 | 75 | 36 | | | | | |
| 11 | 5 | 离散数学 | 44 | 62 | | | | | |
| 12 | 4 | 离散数学 | 48 | 61 | | | | | |
| 13 | 2 | 体育 | 58 | 71 | | | | | |
| 14 | 6 | 体育 | 42 | 38 | | | | | |
| 15 | 9 | 体育 | 41 | 41 | | | | | |
| 16 | 5 | 体育 | 44 | 61 | | | | | |
| 17 | 4 | 体育 | 57 | 26 | | | | | |
| 18 | 2 | 线性代数 | 57 | 30 | | | | | |
| 19 | 6 | 线性代数 | 58 | 36 | | | | | |
| 20 | 9 | 线性代数 | 58 | 41 | | | | | |
| 21 | 5 | 线性代数 | 58 | 26 | | | | | |
| 22 | 4 | 线性代数 | 75 | 44 | | | | | |
| 23 | 2 | 哲学 | 88 | 25 | | | | | |
| 24 | 6 | 哲学 | 58 | 54 | | | | | |
| 25 | 9 | 哲学 | 66 | 52 | | | | | |
| 26 | 5 | 哲学 | 76 | 21 | | | | | |
| 27 | 4 | 哲学 | 75 | 34 | | | | | |
| 28 | | | | | | | | | |

效果图 10

| | A | B | C | D | E | F | G |
|---|---|---|---|---|---|---|---|
| 1 | | **纽约汇市开盘预测　(3/25/96)** | | | | | |
| 2 | **价位** | **英镑** | **马克** | **日元** | **瑞朗** | **加元** | |
| 3 | 阻力位 | 1.486 | 1.671 | 104.25 | 1.4255 | 1.3759 | |
| 4 | 阻力位 | 1.492 | 1.676 | 104.6 | 1.4291 | 1.3819 | |
| 5 | 阻力位 | 1.496 | 1.6828 | 105.05 | 1.433 | 1.384 | |
| 6 | 支撑位 | 1.473 | 1.6635 | 103.85 | 1.4127 | 1.3719 | |
| 7 | 支撑位 | 1.468 | 1.659 | 103.15 | 1.408 | 1.368 | |
| 8 | 支撑位 | 1.465 | 1.6545 | 102.5 | 1.404 | 1.365 | |
| 9 | | | | | | | |
| 10 | | **纽约汇市开盘预测平均值　(3/25/96)** | | | | | |
| 11 | 价位 | 英镑 | 马克 | 日元 | 瑞朗 | 加元 | |
| 12 | 阻力位 | 1.491333 | 1.6766 | 104.6333 | 1.4292 | 1.3806 | |
| 13 | 支撑位 | 1.468667 | 1.659 | 103.1667 | 1.408233 | 1.3683 | |
| 14 | | | | | | | |

效果图 11

| | A | B | C | D | E | F |
|---|---|---|---|---|---|---|
| 1 | 上半年各车间产品合格情况表 | | | | | |
| 2 | 车间 | 产品型号 | 不合格产品(个) | 合格产品(个) | 总数(个) | |
| 3 | 第一车间 | G-06 | 132 | 4856 | 4988 | |
| 4 | 第二车间 | G-06 | 65 | 6235 | 6300 | |
| 5 | 第三车间 | G-07 | 238 | 4953 | 5191 | |
| 6 | 第四车间 | G-07 | 252 | 5364 | 5616 | |
| 7 | 第五车间 | G-05 | 342 | 6245 | 6587 | |
| 8 | 第六车间 | G-05 | 108 | 6874 | 6982 | |
| 9 | 第七车间 | G-06 | 154 | 9854 | 10008 | |
| 10 | 第八车间 | G-07 | 55 | 5666 | 5721 | |
| 11 | | | | | | |
| 12 | 下半年各车间产品合格情况表 | | | | | |
| 13 | 车间 | 产品型号 | 不合格产品(个) | 合格产品(个) | 总数(个) | |
| 14 | 第一车间 | G-06 | 82 | 4956 | 5038 | |
| 15 | 第二车间 | G-06 | 165 | 8235 | 8400 | |
| 16 | 第三车间 | G-07 | 138 | 5953 | 6091 | |
| 17 | 第四车间 | G-07 | 352 | 8364 | 8716 | |
| 18 | 第五车间 | G-05 | 242 | 5845 | 6087 | |
| 19 | 第六车间 | G-05 | 118 | 7874 | 7992 | |
| 20 | 第七车间 | G-06 | 54 | 8854 | 8908 | |
| 21 | 第八车间 | G-07 | 155 | 4666 | 4821 | |
| 22 | | | | | | |
| 23 | 全年各车间产品合格情况统计表 | | | | | |
| 24 | 车间 | 产品型号 | 不合格产品(个) | 合格产品(个) | 总数(个) | |
| 25 | 第一车间 | G-06 | 132 | 4856 | 4988 | |
| 26 | 第二车间 | G-06 | 147 | 11191 | 11338 | |
| 27 | 第三车间 | G-07 | 403 | 13188 | 13591 | |
| 28 | 第四车间 | G-07 | 390 | 11317 | 11707 | |
| 29 | 第五车间 | G-05 | 694 | 14609 | 15303 | |
| 30 | 第六车间 | G-05 | 350 | 12719 | 13069 | |
| 31 | 第七车间 | G-06 | 272 | 17728 | 18000 | |
| 32 | 第八车间 | G-07 | 109 | 14520 | 14629 | |
| 33 | | | 155 | 4666 | 4821 | |
| 34 | | | | | | |

效果图 12

| | A | B | C | D | E | F |
|---|---|---|---|---|---|---|
| 1 | 产品规格 | G-05 | | | | |
| 2 | | | | | | |
| 3 | | | 车间 | | | |
| 4 | 季度 | 数据 | 第六车间 | 第五车间 | 总计 | |
| 5 | 第二季度 | 求和项:不合格产品(个) | 50 | 172 | 222 | |
| 6 | | 求和项:合格产品(个) | 3400 | 3000 | 6400 | |
| 7 | | 求和项:总数(个) | 3450 | 3172 | 6622 | |
| 8 | 第三季度 | 求和项:不合格产品(个) | 60 | 122 | 182 | |
| 9 | | 求和项:合格产品(个) | 3974 | 2945 | 6919 | |
| 10 | | 求和项:总数(个) | 4034 | 3067 | 7101 | |
| 11 | 第四季度 | 求和项:不合格产品(个) | 58 | 120 | 178 | |
| 12 | | 求和项:合格产品(个) | 3900 | 2900 | 6800 | |
| 13 | | 求和项:总数(个) | 3958 | 3020 | 6978 | |
| 14 | 第一季度 | 求和项:不合格产品(个) | 58 | 170 | 228 | |
| 15 | | 求和项:合格产品(个) | 3474 | 3245 | 6719 | |
| 16 | | 求和项:总数(个) | 3532 | 3415 | 6947 | |
| 17 | 求和项:不合格产品(个)汇总 | | 226 | 584 | 810 | |
| 18 | 求和项:合格产品(个)汇总 | | 14748 | 12090 | 26838 | |
| 19 | 求和项:总数(个)汇总 | | 14974 | 12674 | 27648 | |
| 20 | | | | | | |

效果图 13

| | A | B | C | D | E | F | G | H |
|---|---|---|---|---|---|---|---|---|
| 1 | 恒大中学高二考试成绩表 | | | | | | | |
| 2 | 姓名 | 班级 | 语文 | 数学 | 英语 | 政治 | 总分 | |
| 3 | 李平 | 高二（一）班 | 72 | 75 | 69 | 80 | 296 | |
| 4 | 麦孜 | 高二（二）班 | 85 | 88 | 73 | 83 | 329 | |
| 5 | 张江 | 高二（一）班 | 97 | 83 | 89 | 88 | 357 | |
| 6 | 王硕 | 高二（三）班 | 76 | 88 | 84 | 82 | 330 | |
| 7 | 刘梅 | 高二（三）班 | 72 | 75 | 69 | 63 | 279 | |
| 8 | 江海 | 高二（一）班 | 92 | 86 | 74 | 84 | 336 | |
| 9 | 李朝 | 高二（三）班 | 76 | 85 | 84 | 83 | 328 | |
| 10 | 许如润 | 高二（一）班 | 87 | 83 | 90 | 88 | 348 | |
| 11 | 张玲铃 | 高二（三）班 | 89 | 67 | 92 | 87 | 335 | |
| 12 | 赵丽娟 | 高二（二）班 | 76 | 67 | 78 | 97 | 318 | |
| 13 | 高峰 | 高二（二）班 | 92 | 87 | 74 | 84 | 337 | |
| 14 | 刘小丽 | 高二（三）班 | 76 | 67 | 90 | 95 | 328 | |
| 15 | 各科平均分 | | 82.5 | 79.25 | 80.5 | 84.5 | 326.75 | |
| 16 | | | | | | | | |

效果图 14

| | A | B | C | D | E | F | G | H |
|---|---|---|---|---|---|---|---|---|
| 1 | 恒大中学高二考试成绩表 | | | | | | | |
| 2 | 姓名 | 班级 | 语文 | 数学 | 英语 | 政治 | 总分 | |
| 3 | 刘梅 | 高二（三）班 | 72 | 75 | 69 | 63 | 279 | |
| 4 | 李平 | 高二（一）班 | 72 | 75 | 69 | 80 | 296 | |
| 5 | 赵丽娟 | 高二（二）班 | 76 | 67 | 78 | 97 | 318 | |
| 6 | 刘小丽 | 高二（三）班 | 76 | 67 | 90 | 95 | 328 | |
| 7 | 李朝 | 高二（三）班 | 76 | 85 | 84 | 83 | 328 | |
| 8 | 麦孜 | 高二（二）班 | 85 | 88 | 73 | 83 | 329 | |
| 9 | 王硕 | 高二（三）班 | 76 | 88 | 84 | 82 | 330 | |
| 10 | 张玲铃 | 高二（三）班 | 89 | 67 | 92 | 87 | 335 | |
| 11 | 江海 | 高二（一）班 | 92 | 86 | 74 | 84 | 336 | |
| 12 | 高峰 | 高二（二）班 | 92 | 87 | 74 | 84 | 337 | |
| 13 | 许如润 | 高二（一）班 | 87 | 83 | 90 | 88 | 348 | |
| 14 | 张江 | 高二（一）班 | 97 | 83 | 89 | 88 | 357 | |
| 15 | | | | | | | | |

效果图 15

| | A | B | C | D | E | F | G |
|---|---|---|---|---|---|---|---|
| 1 | 恒大中学高二考试成绩表 | | | | | | |
| 2 | 姓名 | 班级 | 语文 | 数学 | 英语 | 政治 | |
| 5 | 张江 | 高二（一）班 | 97 | 83 | 89 | 88 | |
| 10 | 许如润 | 高二（一）班 | 87 | 83 | 90 | 88 | |
| 15 | | | | | | | |

效果图 16

| | A | B | C | D | E | F | G | H |
|---|---|---|---|---|---|---|---|---|
| 1 | 恒大中学高二考试成绩表 | | | | | | | |
| 2 | 姓名 | 班级 | 语文 | 数学 | 英语 | 政治 | | |
| 3 | 李平 | 高二（一）班 | 72 | 75 | 69 | 80 | | |
| 4 | 麦孜 | 高二（二）班 | 85 | 88 | 73 | 83 | | |
| 5 | 张江 | 高二（一）班 | 97 | 83 | 89 | 88 | | |
| 6 | 王硕 | 高二（三）班 | 76 | 88 | 84 | 82 | | |
| 7 | 刘梅 | 高二（三）班 | 72 | 75 | 69 | 63 | | |
| 8 | 江海 | 高二（一）班 | 92 | 86 | 74 | 84 | | |
| 9 | 李朝 | 高二（三）班 | 76 | 85 | 84 | 83 | | |
| 10 | 许如润 | 高二（一）班 | 87 | 83 | 90 | 88 | | |
| 11 | 张玲铃 | 高二（三）班 | 89 | 67 | 92 | 87 | | |
| 12 | 赵丽娟 | 高二（二）班 | 76 | 67 | 78 | 97 | | |
| 13 | 高峰 | 高二（二）班 | 92 | 87 | 74 | 84 | | |
| 14 | 刘小丽 | 高二（三）班 | 76 | 67 | 90 | 95 | | |
| 15 | | | | | | | | |

| | I | J | K | L | M |
|---|---|---|---|---|---|
| 1 | 各班各科平均成绩表 | | | | |
| 2 | 班级 | 语文 | 数学 | 英语 | 政治 |
| 3 | 高二（一）班 | 87 | 81.75 | 80.5 | 85 |
| 4 | 高二（二）班 | 84.33333 | 80.66667 | 75 | 88 |
| 5 | 高二（三）班 | 77.8 | 76.4 | 83.8 | 82 |

效果图 17

| | A | B | C | D | E | F | G |
|---|---|---|---|---|---|---|---|
| 1 | 恒大中学高二考试成绩表 | | | | | | |
| 2 | 姓名 | 班级 | 语文 | 数学 | 英语 | 政治 | |
| 3 | 李平 | 高二（一）班 | 72 | 75 | 69 | 80 | |
| 4 | 张江 | 高二（一）班 | 97 | 83 | 89 | 88 | |
| 5 | 江海 | 高二（一）班 | 92 | 86 | 74 | 84 | |
| 6 | 许如润 | 高二（一）班 | 87 | 83 | 90 | 88 | |
| 7 | | **高二（一）班** | 87 | 81.75 | 80.5 | 85 | |
| 8 | 王硕 | 高二（三）班 | 76 | 88 | 84 | 82 | |
| 9 | 刘梅 | 高二（三）班 | 72 | 75 | 69 | 63 | |
| 10 | 李朝 | 高二（三）班 | 76 | 85 | 84 | 83 | |
| 11 | 张玲铃 | 高二（三）班 | 89 | 67 | 92 | 87 | |
| 12 | 刘小丽 | 高二（三）班 | 76 | 67 | 90 | 95 | |
| 13 | | **高二（三）班** | 77.8 | 76.4 | 83.8 | 82 | |
| 14 | 麦孜 | 高二（二）班 | 85 | 88 | 73 | 83 | |
| 15 | 赵丽娟 | 高二（二）班 | 76 | 67 | 78 | 97 | |
| 16 | 高峰 | 高二（二）班 | 92 | 87 | 74 | 84 | |
| 17 | | **高二（二）班** | 84.33333 | 80.66667 | 75 | 88 | |
| 18 | | **总计平均值** | 82.5 | 79.25 | 80.5 | 84.5 | |
| 19 | | | | | | | |

效果图 18

| | A | B | C | D | E | F |
|---|---|---|---|---|---|---|
| 1 | 班级 | 高二（二）班 | | | | |
| 2 | | | | | | |
| 3 | 计数项:迟到 | 姓名 | | | | |
| 4 | 日期 | 高峰 | 麦孜 | 赵丽娟 | 总计 | |
| 5 | 2004-6-7 | | 1 | | 1 | |
| 6 | 2004-6-10 | 1 | | 1 | 2 | |
| 7 | 2004-6-11 | | | 1 | 1 | |
| 8 | 总计 | 1 | 1 | 2 | 4 | |
| 9 | | | | | | |

效果图 19

| | A | B | C | D | E | F | G | H |
|---|---|---|---|---|---|---|---|---|
| 1 | 利达公司工资表 | | | | | | | |
| 2 | 姓名 | 部门 | 职称 | 基本工资 | 奖金 | 津贴 | 实发工资 | |
| 3 | 王辉杰 | 设计室 | 技术员 | 850 | 600 | 100 | 1550 | |
| 4 | 吴圆圆 | 后勤部 | 技术员 | 875 | 550 | 100 | 1525 | |
| 5 | 张勇 | 工程部 | 工程师 | 1000 | 568 | 180 | 1748 | |
| 6 | 李波 | 设计室 | 助理工程师 | 925 | 586 | 140 | 1651 | |
| 7 | 司慧霞 | 工程部 | 助理工程师 | 950 | 604 | 140 | 1694 | |
| 8 | 王刚 | 设计室 | 助理工程师 | 920 | 622 | 140 | 1682 | |
| 9 | 谭华 | 工程部 | 工程师 | 945 | 640 | 180 | 1765 | |
| 10 | 赵军伟 | 设计室 | 工程师 | 1050 | 658 | 180 | 1888 | |
| 11 | 周健华 | 工程部 | 技术员 | 885 | 576 | 100 | 1561 | |
| 12 | 任敏 | 后勤部 | 技术员 | 910 | 594 | 100 | 1604 | |
| 13 | 韩禹 | 工程部 | 技术员 | 825 | 612 | 100 | 1537 | |
| 14 | 周敏捷 | 工程部 | 助理工程师 | 895 | 630 | 140 | 1665 | |
| 15 | | | | | | | | |

效果图 20

| | A | B | C | D | E | F | G |
|---|---|---|---|---|---|---|---|
| 1 | 利达公司工资表 | | | | | | |
| 2 | 姓名 | 部门 | 职称 | 基本工资 | 奖金 | 津贴 | |
| 3 | 赵军伟 | 设计室 | 工程师 | 1050 | 658 | 180 | |
| 4 | 张勇 | 工程部 | 工程师 | 1000 | 568 | 180 | |
| 5 | 司慧霞 | 工程部 | 助理工程师 | 950 | 604 | 140 | |
| 6 | 谭华 | 工程部 | 工程师 | 945 | 640 | 180 | |
| 7 | 李波 | 设计室 | 助理工程师 | 925 | 586 | 140 | |
| 8 | 王刚 | 设计室 | 助理工程师 | 920 | 622 | 140 | |
| 9 | 任敏 | 后勤部 | 技术员 | 910 | 594 | 100 | |
| 10 | 周敏捷 | 工程部 | 助理工程师 | 895 | 630 | 140 | |
| 11 | 周健华 | 工程部 | 技术员 | 885 | 576 | 100 | |
| 12 | 吴圆圆 | 后勤部 | 技术员 | 875 | 550 | 100 | |
| 13 | 王辉杰 | 设计室 | 技术员 | 850 | 600 | 100 | |
| 14 | 韩禹 | 工程部 | 技术员 | 825 | 612 | 100 | |
| 15 | | | | | | | |

效果图 21

| | A | B | C | D | E | F | G |
|---|---|---|---|---|---|---|---|
| 1 | 利达公司工资表 | | | | | | |
| 2 | 姓名 | 部门 | 职称 | 基本工资 | 奖金 | 津贴 | |
| 5 | 张勇 | 工程部 | 工程师 | 1000 | 568 | 180 | |
| 7 | 司慧霞 | 工程部 | 助理工程师 | 950 | 604 | 140 | |
| 9 | 谭华 | 工程部 | 工程师 | 945 | 640 | 180 | |
| 16 | | | | | | | |

效果图 22

L17　fx

| | A | B | C | D | E | F |
|---|---|---|---|---|---|---|
| 1 | 利达公司一月份所付工程原料款（元） | | | | | |
| 2 | 原料 | 德银工程 | 城市污水工程 | 商业大厦工程 | 银河剧院工程 | |
| 3 | 细沙 | 8000 | 3000 | 4000 | 10000 | |
| 4 | 大沙 | 10000 | 1000 | 6000 | 15000 | |
| 5 | 水泥 | 60000 | 8000 | 50000 | 90000 | |
| 6 | 钢筋 | 100000 | 10000 | 80000 | 120000 | |
| 7 | 木材 | 1000 | 500 | 2000 | 10000 | |
| 8 | | | | | | |
| 9 | 利达公司二月份所付工程原料款（元） | | | | | |
| 10 | 原料 | 德银工程 | 城市污水工程 | 商业大厦工程 | 银河剧院工程 | |
| 11 | 空心砖 | 10000 | 2000 | 20000 | 15000 | |
| 12 | 木材 | 3000 | 500 | 5000 | 8000 | |
| 13 | 水泥 | 20000 | 4000 | 30000 | 40000 | |
| 14 | 钢筋 | 40000 | 500 | 30000 | 70000 | |
| 15 | 细沙 | 3000 | 1000 | 2000 | 8000 | |
| 16 | 大沙 | 8000 | 800 | 7000 | 10000 | |
| 17 | | | | | | |
| 18 | 利达公司前两个月所付工程原料款（元） | | | | | |
| 19 | 原料 | 德银工程 | 城市污水工程 | 商业大厦工程 | 银河剧院工程 | |
| 20 | 细沙 | 11000 | 4000 | 6000 | 18000 | |
| 21 | 大沙 | 18000 | 1800 | 13000 | 25000 | |
| 22 | 水泥 | 80000 | 12000 | 80000 | 130000 | |
| 23 | 钢筋 | 140000 | 10500 | 110000 | 190000 | |
| 24 | 空心砖 | 10000 | 2000 | 20000 | 15000 | |
| 25 | 木材 | 4000 | 1000 | 7000 | 18000 | |
| 26 | | | | | | |

效果图 23

| | A | B | C | D | E | F | G | H |
|---|---|---|---|---|---|---|---|---|
| 1 | 利达公司工资表 | | | | | | | |
| 2 | 姓名 | 部门 | 职称 | 基本工资 | 奖金 | 津贴 | 实发工资 | |
| 3 | 张勇 | 工程部 | 工程师 | 1000 | 568 | 180 | 1748 | |
| 4 | 谭华 | 工程部 | 工程师 | 945 | 640 | 180 | 1765 | |
| 5 | 司慧霞 | 工程部 | 助理工程师 | 950 | 604 | 140 | 1694 | |
| 6 | 周健华 | 工程部 | 技术员 | 885 | 576 | 100 | 1561 | |
| 7 | 韩禹 | 工程部 | 技术员 | 825 | 612 | 100 | 1537 | |
| 8 | 周敏捷 | 工程部 | 助理工程师 | 895 | 630 | 140 | 1665 | |
| 9 | | **工程部 平均值** | | 916.6667 | | | 1661.667 | |
| 10 | 吴圆圆 | 后勤部 | 技术员 | 875 | 550 | 100 | 1525 | |
| 11 | 任敏 | 后勤部 | 技术员 | 910 | 594 | 100 | 1604 | |
| 12 | | **后勤部 平均值** | | 892.5 | | | 1564.5 | |
| 13 | 王刚 | 设计室 | 助理工程师 | 920 | 622 | 140 | 1682 | |
| 14 | 王辉杰 | 设计室 | 技术员 | 850 | 600 | 100 | 1550 | |
| 15 | 赵军伟 | 设计室 | 工程师 | 1050 | 658 | 180 | 1888 | |
| 16 | 李波 | 设计室 | 助理工程师 | 925 | 586 | 140 | 1651 | |
| 17 | | **设计室 平均值** | | 936.25 | | | 1692.75 | |
| 18 | | **总计平均值** | | 919.1667 | | | 1655.833 | |
| 19 | | | | | | | | |

效果图 24

| | A | B | C | D | E | F | G |
|---|---|---|---|---|---|---|---|
| 1 | 项目工程 | 德银工程 | | | | | |
| 2 | | | | | | | |
| 3 | 求和项:金额（元） | 日期 | | | | | |
| 4 | 原料 | 2004-1-15 | 2004-1-20 | 2004-1-25 | 2004-1-30 | 总计 | |
| 5 | 大沙 | | 10000 | | | 10000 | |
| 6 | 钢筋 | 100000 | | | | 100000 | |
| 7 | 木材 | | | | 1000 | 1000 | |
| 8 | 水泥 | | | 60000 | | 60000 | |
| 9 | 细沙 | 8000 | | | | 8000 | |
| 10 | 总计 | 108000 | 10000 | 60000 | 1000 | 179000 | |
| 11 | | | | | | | |

效果图 25

| | A | B | C | D | E | F | G |
|---|---|---|---|---|---|---|---|
| 1 | 各车间产品合格情况表 | | | | | | |
| 2 | 车间 | 产品型号 | 不合格产品(个) | 合格产品(个) | 总数(个) | 合格率 | |
| 3 | 第一车间 | G-06 | 132 | 4856 | 4988 | 97% | |
| 4 | 第二车间 | G-06 | 65 | 6235 | 6300 | 99% | |
| 5 | 第三车间 | G-07 | 238 | 4953 | 5191 | 95% | |
| 6 | 第四车间 | G-07 | 252 | 5364 | 5616 | 96% | |
| 7 | 第五车间 | G-05 | 342 | 6245 | 6587 | 95% | |
| 8 | 第六车间 | G-05 | 108 | 6874 | 6982 | 98% | |
| 9 | 第七车间 | G-06 | 154 | 9854 | 10008 | 98% | |
| 10 | 第八车间 | G-07 | 55 | 5666 | 5721 | 99% | |
| 11 | | | | | | | |

效果图 26

| | A | B | C | D | E | F |
|---|---|---|---|---|---|---|
| 1 | 各车间产品合格情况表 | | | | | |
| 2 | 车间 | 产品型号 | 不合格产品(个) | 合格产品(个) | 总数(个) | |
| 3 | 第七车间 | G-06 | 154 | 9854 | 10008 | |
| 4 | 第六车间 | G-05 | 108 | 6874 | 6982 | |
| 5 | 第五车间 | G-05 | 342 | 6245 | 6587 | |
| 6 | 第二车间 | G-06 | 65 | 6235 | 6300 | |
| 7 | 第八车间 | G-07 | 55 | 5666 | 5721 | |
| 8 | 第四车间 | G-07 | 252 | 5364 | 5616 | |
| 9 | 第三车间 | G-07 | 238 | 4953 | 5191 | |
| 10 | 第一车间 | G-06 | 132 | 4856 | 4988 | |
| 11 | | | | | | |

效果图 27

| | A | B | C | D | E | F |
|---|---|---|---|---|---|---|
| 1 | 各车间产品合格情况表 | | | | | |
| 2 | 车间 | 产品型号 | 不合格产品(个) | 合格产品(个) | 总数(个) | |
| 4 | 第二车间 | G-06 | 65 | 6235 | 6300 | |
| 8 | 第六车间 | G-05 | 108 | 6874 | 6982 | |
| 9 | 第七车间 | G-06 | 154 | 9854 | 10008 | |
| 10 | 第八车间 | G-07 | 55 | 5666 | 5721 | |
| 11 | | | | | | |

效果图 28

|  | A | B | C | D | E | F |
|---|---|---|---|---|---|---|
| 1 | 上半年各车间产品合格情况表 |  |  |  |  |  |
| 2 | 车间 | 产品型号 | 不合格产品(个) | 合格产品(个) | 总数(个) |  |
| 3 | 第一车间 | G-06 | 132 | 4856 | 4988 |  |
| 4 | 第二车间 | G-06 | 65 | 6235 | 6300 |  |
| 5 | 第三车间 | G-07 | 238 | 4953 | 5191 |  |
| 6 | 第四车间 | G-07 | 252 | 5364 | 5616 |  |
| 7 | 第五车间 | G-05 | 342 | 6245 | 6587 |  |
| 8 | 第六车间 | G-05 | 108 | 6874 | 6982 |  |
| 9 | 第七车间 | G-06 | 154 | 9854 | 10008 |  |
| 10 | 第八车间 | G-07 | 55 | 5666 | 5721 |  |
| 11 |  |  |  |  |  |  |
| 12 | 下半年各车间产品合格情况表 |  |  |  |  |  |
| 13 | 车间 | 产品型号 | 不合格产品(个) | 合格产品(个) | 总数(个) |  |
| 14 | 第一车间 | G-06 | 82 | 4956 | 5038 |  |
| 15 | 第二车间 | G-06 | 165 | 8235 | 8400 |  |
| 16 | 第三车间 | G-07 | 138 | 5953 | 6091 |  |
| 17 | 第四车间 | G-07 | 352 | 8364 | 8716 |  |
| 18 | 第五车间 | G-05 | 242 | 5845 | 6087 |  |
| 19 | 第六车间 | G-05 | 118 | 7874 | 7992 |  |
| 20 | 第七车间 | G-06 | 54 | 8854 | 8908 |  |
| 21 | 第八车间 | G-07 | 155 | 4666 | 4821 |  |
| 22 |  |  |  |  |  |  |
| 23 | 全年各车间产品合格情况统计表 |  |  |  |  |  |
| 24 | 车间 | 产品型号 | 不合格产品(个) | 合格产品(个) | 总数(个) |  |
| 25 | 第一车间 | G-06 | 214 | 9812 | 10026 |  |
| 26 | 第二车间 | G-06 | 230 | 14470 | 14700 |  |
| 27 | 第三车间 | G-07 | 376 | 10906 | 11282 |  |
| 28 | 第四车间 | G-07 | 604 | 13728 | 14332 |  |
| 29 | 第五车间 | G-05 | 584 | 12090 | 12674 |  |
| 30 | 第六车间 | G-05 | 226 | 14748 | 14974 |  |
| 31 | 第七车间 | G-06 | 208 | 18708 | 18916 |  |
| 32 | 第八车间 | G-07 | 210 | 10332 | 10542 |  |

效果图 29

|  | A | B | C | D | E | F |
|---|---|---|---|---|---|---|
| 1 | 各车间产品合格情况表 |  |  |  |  |  |
| 2 | 车间 | 产品型号 | 不合格产品(个) | 合格产品(个) | 总数(个) |  |
| 3 | 第五车间 | G-05 | 342 | 6245 | 6587 |  |
| 4 | 第六车间 | G-05 | 108 | 6874 | 6982 |  |
| 5 |  | **G-05 汇总** | 450 | 13119 | 13569 |  |
| 6 | 第一车间 | G-06 | 132 | 4856 | 4988 |  |
| 7 | 第七车间 | G-06 | 154 | 9854 | 10008 |  |
| 8 | 第二车间 | G-06 | 65 | 6235 | 6300 |  |
| 9 |  | **G-06 汇总** | 351 | 20945 | 21296 |  |
| 10 | 第四车间 | G-07 | 252 | 5364 | 5616 |  |
| 11 | 第三车间 | G-07 | 238 | 4953 | 5191 |  |
| 12 | 第八车间 | G-07 | 55 | 5666 | 5721 |  |
| 13 |  | **G-07 汇总** | 545 | 15983 | 16528 |  |
| 14 |  | **总计** | 1346 | 50047 | 51393 |  |
| 15 |  |  |  |  |  |  |

效果图 30

| | A | B | C | D | E | F |
|---|---|---|---|---|---|---|
| 1 | 产品规格 | G-05 | | | | |
| 2 | | | | | | |
| 3 | | | 车间 | | | |
| 4 | 季度 | 数据 | 第六车间 | 第五车间 | 总计 | |
| 5 | 第二季度 | 求和项:不合格产品(个) | 50 | 172 | 222 | |
| 6 | | 求和项:合格产品(个) | 3400 | 3000 | 6400 | |
| 7 | | 求和项:总数(个) | 3450 | 3172 | 6622 | |
| 8 | 第三季度 | 求和项:不合格产品(个) | 60 | 122 | 182 | |
| 9 | | 求和项:合格产品(个) | 3974 | 2945 | 6919 | |
| 10 | | 求和项:总数(个) | 4034 | 3067 | 7101 | |
| 11 | 第四季度 | 求和项:不合格产品(个) | 58 | 120 | 178 | |
| 12 | | 求和项:合格产品(个) | 3900 | 2900 | 6800 | |
| 13 | | 求和项:总数(个) | 3958 | 3020 | 6978 | |
| 14 | 第一季度 | 求和项:不合格产品(个) | 58 | 170 | 228 | |
| 15 | | 求和项:合格产品(个) | 3474 | 3245 | 6719 | |
| 16 | | 求和项:总数(个) | 3532 | 3415 | 6947 | |
| 17 | 求和项:不合格产品(个)汇总 | | 226 | 584 | 810 | |
| 18 | 求和项:合格产品(个)汇总 | | 14748 | 12090 | 26838 | |
| 19 | 求和项:总数(个)汇总 | | 14974 | 12674 | 27648 | |
| 20 | | | | | | |

效果图 31

| | A | B | C | D | E | F | G |
|---|---|---|---|---|---|---|---|
| 1 | 家家惠超市第一季度销售情况表（元） | | | | | | |
| 2 | 类别 | 销售区间 | 一月 | 二月 | 三月 | 总计 | |
| 3 | 食品类 | 食用品区 | 70800 | 90450 | 70840 | 232090 | |
| 4 | 饮料类 | 食用品区 | 68500 | 58050 | 40570 | 167120 | |
| 5 | 烟酒类 | 食用品区 | 90410 | 86500 | 90650 | 267560 | |
| 6 | 服装、鞋帽类 | 服装区 | 90530 | 80460 | 64200 | 235190 | |
| 7 | 针纺织品类 | 服装区 | 84100 | 87200 | 78900 | 250200 | |
| 8 | 化妆品类 | 日用品区 | 75400 | 85500 | 88050 | 248950 | |
| 9 | 日用品类 | 日用品区 | 61400 | 93200 | 44200 | 198800 | |
| 10 | 体育器材 | 日用品区 | 50000 | 65800 | 43200 | 159000 | |
| 11 | | | | | | | |

效果图 32

| | A | B | C | D | E | F |
|---|---|---|---|---|---|---|
| 1 | 家家惠超市第一季度销售情况表（元） | | | | | |
| 2 | 类别 | 销售区间 | 一月 | 二月 | 三月 | |
| 3 | 体育器材 | 日用品区 | 50000 | 65800 | 43200 | |
| 4 | 日用品类 | 日用品区 | 61400 | 93200 | 44200 | |
| 5 | 饮料类 | 食用品区 | 68500 | 58050 | 40570 | |
| 6 | 食品类 | 食用品区 | 70800 | 90450 | 70840 | |
| 7 | 化妆品类 | 日用品区 | 75400 | 85500 | 88050 | |
| 8 | 针纺织品类 | 服装区 | 84100 | 87200 | 78900 | |
| 9 | 烟酒类 | 食用品区 | 90410 | 86500 | 90650 | |
| 10 | 服装、鞋帽类 | 服装区 | 90530 | 80460 | 64200 | |
| 11 | | | | | | |

效果图 33

| | A | B | C | D | E | F |
|---|---|---|---|---|---|---|
| 1 | 家家惠超市第一季度销售情况表（元） | | | | | |
| 2 | 类别 | 销售区间 | 一月 | 二月 | 三月 | |
| 3 | 食品类 | 食用品区 | 70800 | 90450 | 70840 | |
| 5 | 烟酒类 | 食用品区 | 90410 | 86500 | 90650 | |
| 6 | 服装、鞋帽类 | 服装区 | 90530 | 80460 | 64200 | |
| 7 | 针纺织品类 | 服装区 | 84100 | 87200 | 78900 | |
| 8 | 化妆品类 | 日用品区 | 75400 | 85500 | 88050 | |
| 9 | 日用品类 | 日用品区 | 61400 | 93200 | 44200 | |
| 11 | | | | | | |

效果图 34

| | A | B | C | D | E | F |
|---|---|---|---|---|---|---|
| 1 | 家家惠超市上半年各连锁店销售情况表（万元） | | | | | |
| 2 | 类别 | 第一连锁店 | 第二连锁店 | 第三连锁店 | 第四连锁店 | |
| 3 | 食品类 | 70 | 90 | 75 | 85 | |
| 4 | 服装、鞋帽类 | 90 | 80 | 64 | 73 | |
| 5 | 体育器材 | 65 | 78 | 55 | 87 | |
| 6 | 饮料类 | 86 | 68 | 67 | 63 | |
| 7 | 烟酒类 | 53 | 83 | 82 | 51 | |
| 8 | 针纺织品类 | 71 | 48 | 46 | 81 | |
| 9 | 化妆品类 | 75 | 76 | 78 | 83 | |
| 10 | 日用品类 | 61 | 73 | 53 | 63 | |
| 11 | | | | | | |
| 12 | 家家惠超市上半年各连锁店销售情况表（万元） | | | | | |
| 13 | 类别 | 第一连锁店 | 第二连锁店 | 第三连锁店 | 第四连锁店 | |
| 14 | 食品类 | 73 | 80 | 85 | 76 | |
| 15 | 服装、鞋帽类 | 85 | 92 | 71 | 61 | |
| 16 | 烟酒类 | 63 | 73 | 89 | 64 | |
| 17 | 日用品类 | 82 | 72 | 51 | 52 | |
| 18 | 体育器材 | 66 | 73 | 59 | 83 | |
| 19 | 化妆品类 | 88 | 71 | 73 | 81 | |
| 20 | 饮料类 | 81 | 73 | 72 | 60 | |
| 21 | 针纺织品类 | 64 | 53 | 55 | 72 | |
| 22 | | | | | | |
| 23 | 家家惠超市全年各连锁店销售情况表（万元） | | | | | |
| 24 | 类别 | 第一连锁店 | 第二连锁店 | 第三连锁店 | 第四连锁店 | |
| 25 | 食品类 | 143 | 170 | 160 | 161 | |
| 26 | 服装、鞋帽类 | 175 | 172 | 135 | 134 | |
| 27 | 体育器材 | 131 | 151 | 114 | 170 | |
| 28 | 饮料类 | 167 | 141 | 139 | 123 | |
| 29 | 烟酒类 | 116 | 156 | 171 | 115 | |
| 30 | 针纺织品类 | 135 | 101 | 101 | 153 | |
| 31 | 化妆品类 | 163 | 147 | 151 | 164 | |
| 32 | 日用品类 | 143 | 145 | 104 | 115 | |
| 33 | | | | | | |

效果图 35

| | A | B | C | D | E | F |
|---|---|---|---|---|---|---|
| 1 | 家家惠超市第一季度销售情况表（元） | | | | | |
| 2 | 类别 | 销售区间 | 一月 | 二月 | 三月 | |
| 3 | 针纺织品类 | 服装区 | 84100 | 87200 | 78900 | |
| 4 | 服装、鞋帽类 | 服装区 | 90530 | 80460 | 64200 | |
| 5 | | **服装区 汇总** | 174630 | 167660 | 143100 | |
| 6 | 日用品类 | 日用品区 | 61400 | 93200 | 44200 | |
| 7 | 化妆品类 | 日用品区 | 75400 | 85500 | 88050 | |
| 8 | 体育器材 | 日用品区 | 50000 | 65800 | 43200 | |
| 9 | | **日用品区 汇总** | 186800 | 244500 | 175450 | |
| 10 | 食品类 | 食用品区 | 70800 | 90450 | 70840 | |
| 11 | 饮料类 | 食用品区 | 68500 | 58050 | 40570 | |
| 12 | 烟酒类 | 食用品区 | 90410 | 86500 | 90650 | |
| 13 | | **食用品区 汇总** | 229710 | 235000 | 202060 | |
| 14 | | **总计** | 591140 | 647160 | 520610 | |
| 15 | | | | | | |

效果图 36

| | A | B | C | D | E | F |
|---|---|---|---|---|---|---|
| 1 | 销售区间 | 日用品区 | | | | |
| 2 | | | | | | |
| 3 | 求和项:销售额 | 月份 | | | | |
| 4 | 类别 | 一月 | 二月 | 三月 | 总计 | |
| 5 | 化妆品类 | 75400 | 85500 | 88050 | 248950 | |
| 6 | 日用品类 | 61400 | 93200 | 44200 | 198800 | |
| 7 | 体育器材 | 50000 | 65800 | 43200 | 159000 | |
| 8 | 总计 | 186800 | 244500 | 175450 | 606750 | |
| 9 | | | | | | |

效果图 37

| | A | B | C | D | E | F | G | H |
|---|---|---|---|---|---|---|---|---|
| 1 | 蓝天家电城彩电销售情况统计表 | | | | | | | |
| 2 | 品牌 | 型号 | 第一季度 | 第二季度 | 第三季度 | 第四季度 | 最小值 | |
| 3 | 康佳彩电 | k1943 | 24000 | 25000 | 25500 | 26000 | 24000 | |
| 4 | 康佳彩电 | k2144 | 26000 | 25500 | 24000 | 29000 | 24000 | |
| 5 | 康佳彩电 | k2148 | 30000 | 32000 | 28000 | 45000 | 28000 | |
| 6 | 康佳彩电 | k2146 | 38000 | 28000 | 24000 | 34000 | 24000 | |
| 7 | 长虹彩电 | c2954 | 56000 | 56600 | 65000 | 70000 | 56000 | |
| 8 | 长虹彩电 | c2578 | 54000 | 55000 | 56000 | 68000 | 54000 | |
| 9 | 海信彩电 | H2561 | 86000 | 65000 | 98000 | 54000 | 54000 | |
| 10 | 海信彩电 | H2978 | 65000 | 54000 | 85000 | 65000 | 54000 | |
| 11 | 海信彩电 | H3190 | 85000 | 80000 | 78000 | 86000 | 78000 | |
| 12 | 每季度总计 | | | | | | | |
| 13 | | | | | | | | |

效果图 38

| | A | B | C | D | E | F | G |
|---|---|---|---|---|---|---|---|
| 1 | 蓝天家电城彩电销售情况统计表 | | | | | | |
| 2 | 品牌 | 型号 | 第一季度 | 第二季度 | 第三季度 | 第四季度 | |
| 3 | 康佳彩电 | k1943 | 24000 | 25000 | 25500 | 26000 | |
| 4 | 康佳彩电 | k2144 | 26000 | 25500 | 24000 | 29000 | |
| 5 | 康佳彩电 | k2146 | 38000 | 28000 | 24000 | 34000 | |
| 6 | 康佳彩电 | k2148 | 30000 | 32000 | 28000 | 45000 | |
| 7 | 海信彩电 | H2561 | 86000 | 65000 | 98000 | 54000 | |
| 8 | 海信彩电 | H2978 | 65000 | 54000 | 85000 | 65000 | |
| 9 | 长虹彩电 | c2578 | 54000 | 55000 | 56000 | 68000 | |
| 10 | 长虹彩电 | c2954 | 56000 | 56600 | 65000 | 70000 | |
| 11 | 海信彩电 | H3190 | 85000 | 80000 | 78000 | 86000 | |
| 12 | | | | | | | |

效果图 39

| | A | B | C | D | E | F | G |
|---|---|---|---|---|---|---|---|
| 1 | 蓝天家电城彩电销售情况统计表 | | | | | | |
| 2 | 品牌 | 型号 | 第一季度 | 第二季度 | 第三季度 | 第四季度 | |
| 7 | 长虹彩电 | c2954 | 56000 | 56600 | 65000 | 70000 | |
| 8 | 长虹彩电 | c2578 | 54000 | 55000 | 56000 | 68000 | |
| 9 | 海信彩电 | H2561 | 86000 | 65000 | 98000 | 54000 | |
| 10 | 海信彩电 | H2978 | 65000 | 54000 | 85000 | 65000 | |
| 11 | 海信彩电 | H3190 | 85000 | 80000 | 78000 | 86000 | |
| 12 | | | | | | | |

效果图 40

| | A | B | C | D | E | F |
|---|---|---|---|---|---|---|
| 1 | 第一季度各家电城彩电销售情况表 | | | | | |
| 2 | 品牌 | 燕天家电城 | 中原家电城 | 西门家电城 | 淮海家电城 | |
| 3 | 康佳k1943 | 24000 | 25500 | 45000 | 28000 | |
| 4 | 康佳k2144 | 26000 | 32000 | 34000 | 56600 | |
| 5 | 康佳k2148 | 30000 | 28000 | 70000 | 55000 | |
| 6 | 康佳k2146 | 38000 | 56600 | 68000 | 65000 | |
| 7 | 长虹c2954 | 56000 | 45000 | 54000 | 65000 | |
| 8 | 长虹c2578 | 54000 | 34000 | 28000 | 56000 | |
| 9 | 海信H2561 | 86000 | 70000 | 56600 | 98000 | |
| 10 | 海信H2978 | 65000 | 68000 | 55000 | 85000 | |
| 11 | 海信H3190 | 85000 | 53200 | 65000 | 68000 | |
| 12 | | | | | | |
| 13 | 第二季度各家电城彩电销售情况表 | | | | | |
| 14 | 品牌 | 燕天家电城 | 中原家电城 | 西门家电城 | 淮海家电城 | |
| 15 | 康佳k1943 | 34000 | 45500 | 38000 | 38000 | |
| 16 | 康佳k2144 | 32000 | 46000 | 44000 | 45400 | |
| 17 | 海信H2561 | 78000 | 65000 | 46600 | 87000 | |
| 18 | 长虹c2954 | 46000 | 43000 | 54200 | 65800 | |
| 19 | 海信H2978 | 63000 | 69000 | 54000 | 72000 | |
| 20 | 长虹c2578 | 48000 | 37000 | 24000 | 53000 | |
| 21 | 康佳k2148 | 34000 | 27000 | 78000 | 65000 | |
| 22 | 康佳k2146 | 48000 | 68600 | 58000 | 45000 | |
| 23 | 海信H3190 | 45000 | 63200 | 71000 | 78000 | |
| 24 | | | | | | |
| 25 | | | | | | |
| 26 | 上半年各家电城彩电销售情况表 | | | | | |
| 27 | 品牌 | 燕天家电城 | 中原家电城 | 西门家电城 | 淮海家电城 | |
| 28 | 康佳k1943 | 58000 | 71000 | 83000 | 66000 | |
| 29 | 康佳k2144 | 58000 | 78000 | 78000 | 102000 | |
| 30 | 康佳k2148 | 64000 | 55000 | 148000 | 120000 | |
| 31 | 康佳k2146 | 86000 | 125200 | 126000 | 110000 | |
| 32 | 长虹c2954 | 102000 | 88000 | 108200 | 130800 | |
| 33 | 长虹c2578 | 102000 | 71000 | 52000 | 109000 | |
| 34 | 海信H2561 | 164000 | 135000 | 103200 | 185000 | |
| 35 | 海信H2978 | 128000 | 137000 | 109000 | 157000 | |
| 36 | 海信H3190 | 130000 | 116400 | 136000 | 146000 | |

效果图 41

| | A | B | C | D | E | F | G |
|---|---|---|---|---|---|---|---|
| 1 | 蓝天家电城彩电销售情况统计表 | | | | | | |
| 2 | 品牌 | 型号 | 第一季度 | 第二季度 | 第三季度 | 第四季度 | |
| 3 | 长虹彩电 | c2578 | 54000 | 55000 | 56000 | 68000 | |
| 4 | 长虹彩电 | c2954 | 56000 | 56600 | 65000 | 70000 | |
| 5 | **长虹彩电 平均值** | | 55000 | 55800 | 60500 | 69000 | |
| 6 | 海信彩电 | H2978 | 65000 | 54000 | 85000 | 65000 | |
| 7 | 海信彩电 | H3190 | 85000 | 80000 | 78000 | 86000 | |
| 8 | 海信彩电 | H2561 | 86000 | 65000 | 98000 | 54000 | |
| 9 | **海信彩电 平均值** | | 78666.67 | 66333.33 | 87000 | 68333.33 | |
| 10 | 康佳彩电 | k1943 | 24000 | 25000 | 25500 | 26000 | |
| 11 | 康佳彩电 | k2144 | 26000 | 25500 | 24000 | 29000 | |
| 12 | 康佳彩电 | k2148 | 30000 | 32000 | 28000 | 45000 | |
| 13 | 康佳彩电 | k2146 | 38000 | 28000 | 24000 | 34000 | |
| 14 | **康佳彩电 平均值** | | 29500 | 27625 | 25375 | 33500 | |
| 15 | **总计平均值** | | 51555.56 | 46788.89 | 53722.22 | 53000 | |
| 16 | | | | | | | |

效果图 42

| | A | B | C | D | E | F | G |
|---|---|---|---|---|---|---|---|
| 1 | 经销商 | (全部) | | | | | |
| 2 | | | | | | | |
| 3 | 求和项:数量 | 型号 | | | | | |
| 4 | 品牌 | k1943 | k2144 | k2146 | k2148 | 总计 | |
| 5 | 康佳彩电 | 122500 | 148600 | 227600 | 183000 | 681700 | |
| 6 | 总计 | 122500 | 148600 | 227600 | 183000 | 681700 | |
| 7 | | | | | | | |

效果图 43

（二）实践要求

1．打开“素材”文件夹下的工作簿“数据筛选”，将该文件以同名保存到自己的文件夹中，按下列要求进行操作。

（1）使用“财政支出表”中的数据，筛选出“优抚”大于 70 万元且“地区”为“胡宁”的各行。

（2）使用“工资表 1”中的数据，筛选出“科室”名的第二个汉字为“务”的行。

（3）使用“抽样调查表”中的数据，筛选出“食品”小于 87.35，并且“日常生活用品”大于等于 89.30 的记录。

（4）使用“工资表 2”，利用高级筛选的方法，筛选出“教务科”与“财务科”中的“基本工资大于 2000 元而小于 5000”的人员。

（5）使用“成绩表”，利用高级筛选的方法，筛选出姓名为姓“石”或姓“杨”的“总评”成绩大于等于 70 分而小于 90 分的行。

2．打开“素材”文件夹下的工作簿“数据分类汇总”，将该文件以同名保存自己的文件夹中，按下列要求进行操作。

（1）将“工资表”中的数据，以“科室”为分类字段，将“基本工资”、“补助工资”、“应发工资”、“扣款”和“实发工资”进行“求和”分类汇总。

（2）将“考生登记表”中的数据，以“模块”为分类字段，将“总分”进行“最大值”分类汇总。

（3）将“部分装饰材料价格表”中的数据，以“商品名称”为分类字段，将“最高价格”和“最低价格”进行“平均值”分类汇总。

（4）将“销售表”中的数据，先以“销售人员”为分类字段，将“销售数量”进行“求和”分类汇总，然后以“类型”分类字段，将“销售数量”进行“求和”的嵌套式分类汇总。

3．打开“素材”文件夹下的工作簿“合并计算”，将该文件以同名保存到自己的文件夹中，按下列要求进行操作。

（1）使用“课程安排表”工作表中的相关数据，在“课程安排统计表”中进行“求和”合并计算。

（2）使用“纽约汇市预测”工作表中的相关数据，在“纽约汇市开盘预测平均值”中进行“均值”合并计算。

（3）使用“统计表”工作表的“上半年各车间产品合格情况表”和“下半年各车间产品合格情况表”中的数据，在“全年各车间产品合格情况统计表”中进行“求和”合并计算。

4．打开“素材”文件夹下的工作簿“数据透视表”，将该文件以同名保存到自己的文件夹中，按下列要求进行操作。

（1）以工作表“各季度各车间合格情况表”中的数据，以“产品规格”为分页，以“季度”为行字段，以“车间”为列字段，以“不合格产品”、“合格产品”和“总数”为求和项，从 Sheet1 工作表的 A1 单元格起建立数据透视表。

（2）在透视表结果中查看产品型号为 G-05 的产品的情况。

5．打开文档 TJ-1.xlsx，将该文件以同名保存到自己的文件夹中，按下列要求进行操作。

（1）使用 Sheet1 工作表中的数据，统计“总分”并计算“各科平均分”，结果分别放在相应的单元格中。

（2）使用 Sheet2 工作表中的数据，以“总分”为主要关键字，“数学”为次要关键字，按升序排序。

（3）使用 Sheet3 工作表中的数据，筛选出各科分数均大于等于 80 的记录。

（4）使用 Sheet4 工作表中的相关数据，在“各班各科成绩表”中进行“平均值”合并计算。

（5）使用 Sheet5 工作表中的数据，以“班级”为分类字段，将各科成绩进行“平均值”分类汇总。

（6）使用“数据源”工作表中的数据，布局以“班级”为分页，以“日期”为行字段，以“姓名”为列字段，以“迟到”为计数项，从 Sheet6 工作表的 A1 单元格起建立数据透视表。

6．打开文档 TJ-2.xlsx，将该文件以同名保存到自己的文件夹中，按下列要求进行操作。

（1）使用 Sheet1 工作表中的数据，计算“实发工资”，结果放在相应的单元格中。

（2）使用 Sheet2 工作表中的数据，以“基本工资”为主要关键字，按降序排序。

（3）使用 Sheet3 工作表中的数据，筛选出“部门”为工程部并且“基本工资”大于等于 900 的记录。

（4）使用 Sheet4 工作表“利达公司一月份所付工程原料款”和“利达公司二月份所付工程原料款”中的数据，在“利达公司前两个月所付工程原料款”中进行“求和”合并计算。

（5）使用 Sheet5 工作表中的数据，以“部门”为分类字段，将“基本工资”与“实发工资”进行“平均值”分类汇总。

（6）使用“数据源”工作表中的数据，以“项目工程”为分页，以“原料”为行字段，以“日期”为列字段，以“金额”为求和项，从 Sheet6 工作表 A1 单元格起建立及数据透视表。

7．打开文档 TJ-3. xlsx，将该文件以同名保存到自己的文件夹中，按下列要求进行操作。

（1）使用 Sheet1 工作表中的数据，计算“合格率”，结果分别放在相应的单元格中。

（2）使用 Sheet2 工作表中的数据，以“总数”为主要关键字，按降序排序。

（3）使用 Sheet3 工作表中的数据，筛选出“合格产品”大于或等于 5500 的记录，“不合格产品”小于或等于 200 的记录。

（4）使用 Sheet4 工作表“上半年各车间产品合格情况表”和“下半年各车间产品合格情况表”中的数据，在“全年各车间产品合格情况统计表”中进行“求和”合并计算。

（5）使用 Sheet5 工作表中的数据，以“产品型号”为分类字段，将“不合格产品”、“合格产品”及“总数”分别进行“求和”分类汇总。

（6）使用“数据源”工作表中的数据，以“产品规格”为分页，以“季度”为行字段，以“车间”为列字段，以“不合格产品”、“合格产品”和“总数”为求和项，从 Sheet6 工作表的 A1 单元格起建立数据透视表。

8．打开文档 TJ-4.xlsx，将该文件以同名保存自己的文件夹中，按下列要求进行操作。

（1）使用 Sheet1 工作表中的数据，计算三个月“总计”，结果分别放在相应的单元格中。

（2）使用 Sheet2 工作表中的数据，以“一月”为主要关键字，按升序排序。

（3）使用 Sheet3 工作表中的数据，筛选出“二月”大于或等于 80 000 的记录。

（4）使用 Sheet4 工作表“家家惠超市上半年各连锁店销售情况表”和“家家惠超市下半年各连锁店销售情况表”中的数据，在“家家惠超市全年各连锁店销售情况表”中进行“求和”合并计算。

（5）使用 Sheet5 工作表中的数据，以“销售区间”为分类字段，将各月销售额分别进行“求和”分类汇总。

（6）使用“数据源”工作表中的数据，以“销售区间”为分页，以“类别”为行字段，以“月份”为列字段，以“销售额”为求和项，从 Sheet6 工作表的 A1 单元格起建立数据透视表。

9．打开文档 TJ-5.xlsx，将该文件以同名保存自己的文件夹中，按下列要求进行操作。

（1）使用 Sheet1 工作表中的数据，计算三个月“最小值”和“每季度总计”，结果分别放在相应的单元格中。

（2）使用 Sheet2 工作表中的数据，以“第四季度”为主要关键字，按升序排序。

（3）使用 Sheet3 工作表中的数据，筛选出“第三季度”和“第四季度”大于或等于 50 000 的记录。

（4）使用 Sheet4 工作表“第一季度各家电城彩电销售情况表”和“第二季度各家电城彩电销售情况表”中的数据，在“上半年各家电城彩电销售情况表”中进行“求和”合并计算。

（5）使用 Sheet5 工作表中的数据，以“品牌”为分类字段，将四个季度的销售量分别进行“平均值”分类汇总。

（6）使用“数据源”工作表中的数据，以“经销商”为分页，以“品牌”为行字段，以“型号”为列字段，以“数量”为求和项，从 Sheet6 工作表的 A1 单元格起建立数据透视表。

## 实践四：利用图表分析数据

### （一）效果图

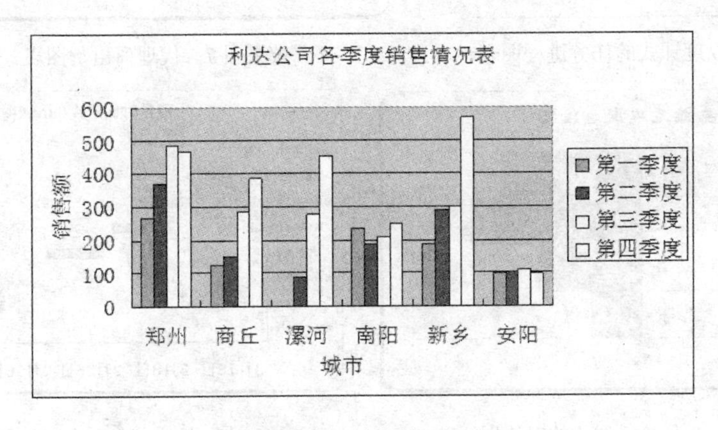


效果图 1　销售情况图表

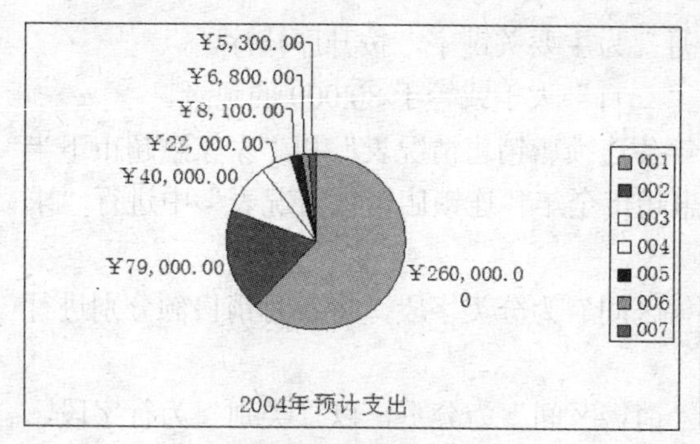


效果图2　预计支出图

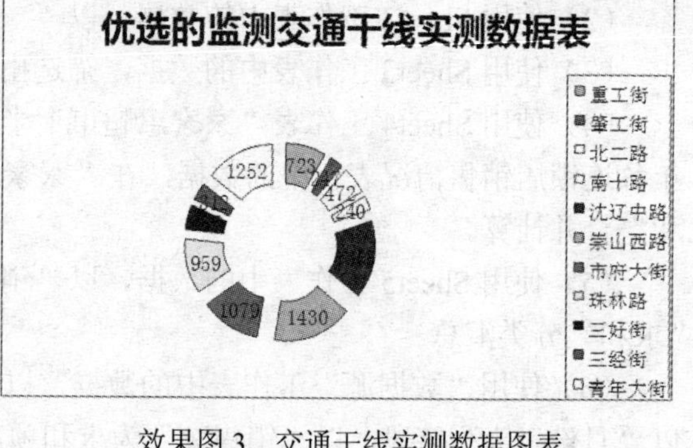


效果图3　交通干线实测数据图表

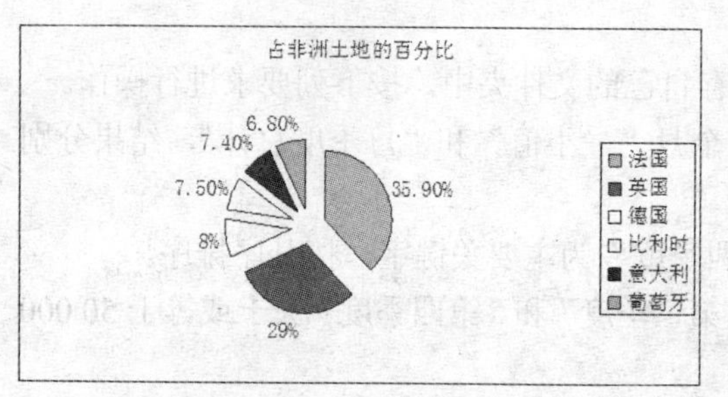


效果图4　土地占用图表

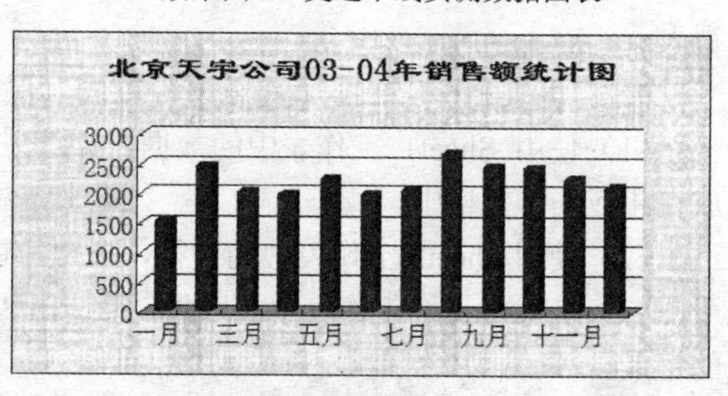


效果图5　销量图表

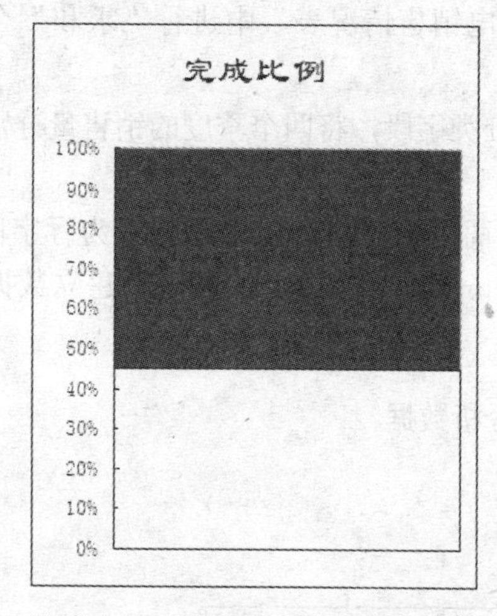


效果图6　温度计式的任务进程图表

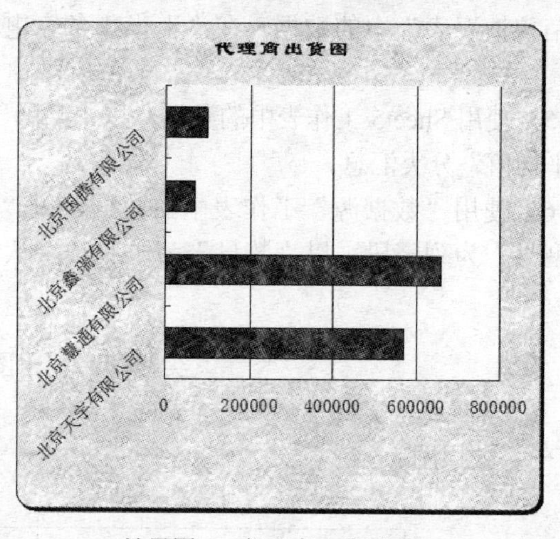


效果图7　代理商出货图表

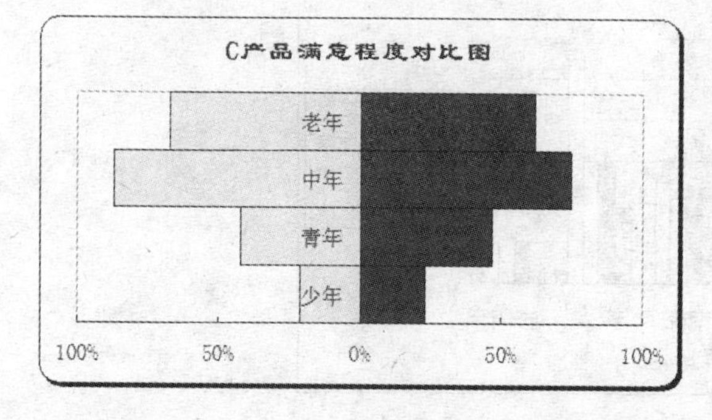


效果图8　产品接受群体的对比图

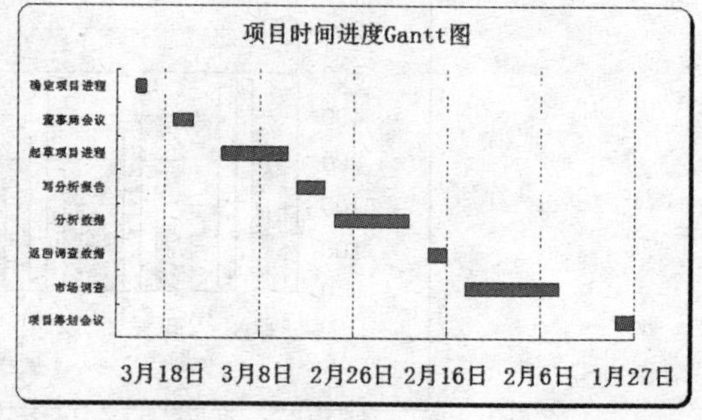


效果图9　项目时间进度 Gantt 图

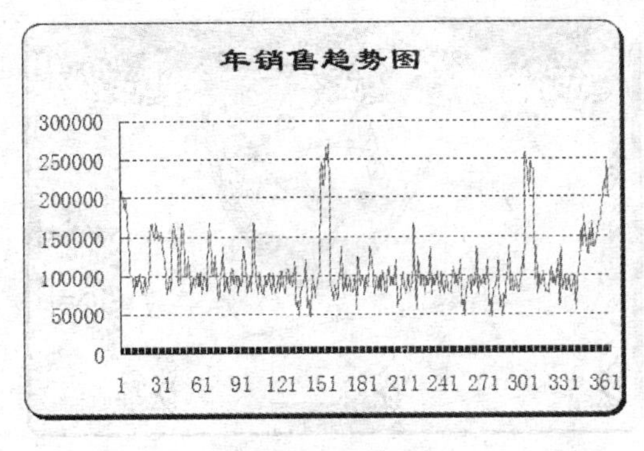


效果图 10　销售趋势图

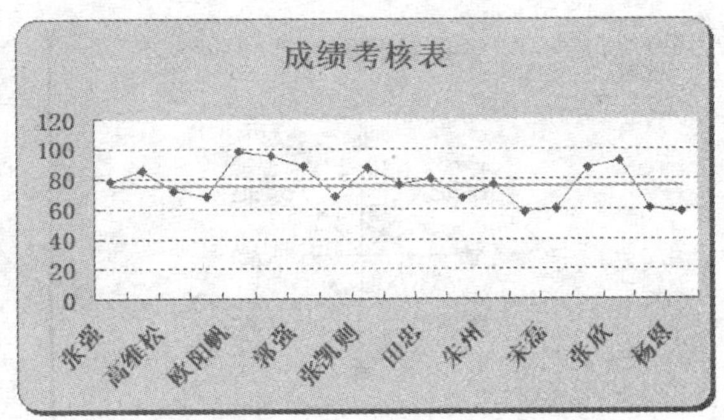


效果图 11　在考核折线图中加达标线

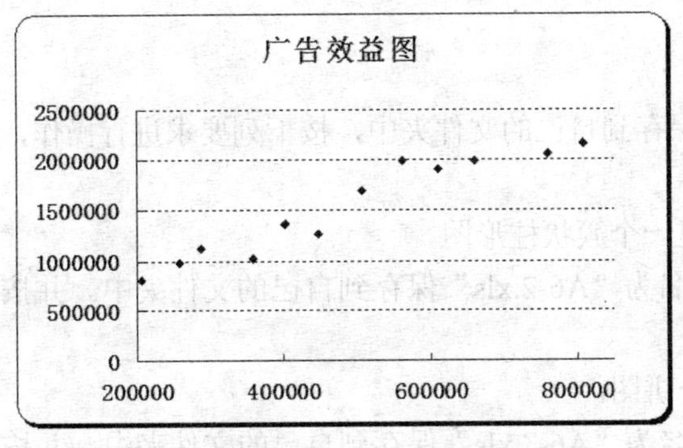


效果图 12　广告效益图

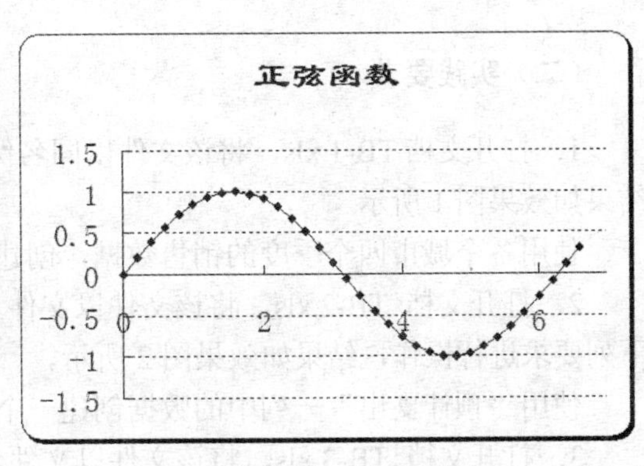


效果图 13　正弦函数

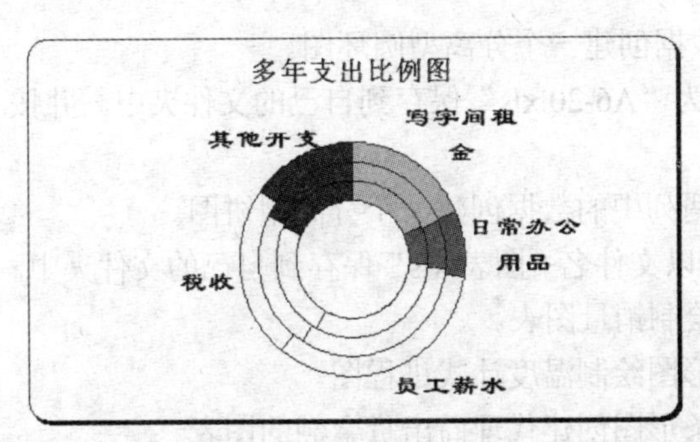


效果图 14　多年支出比例图

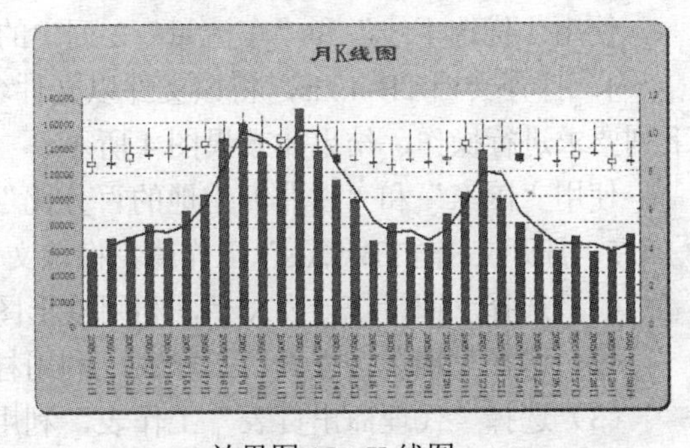


效果图 15　K 线图

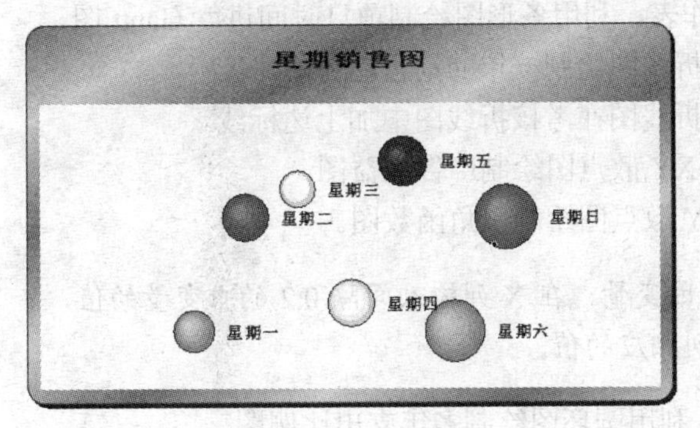


效果图 16　气泡图

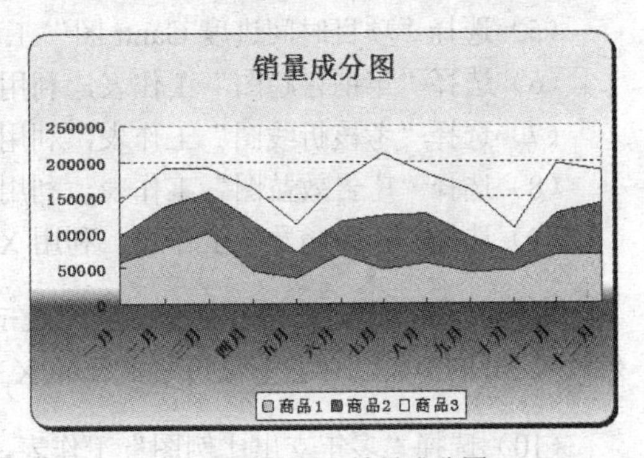


效果图 17　销量成分图

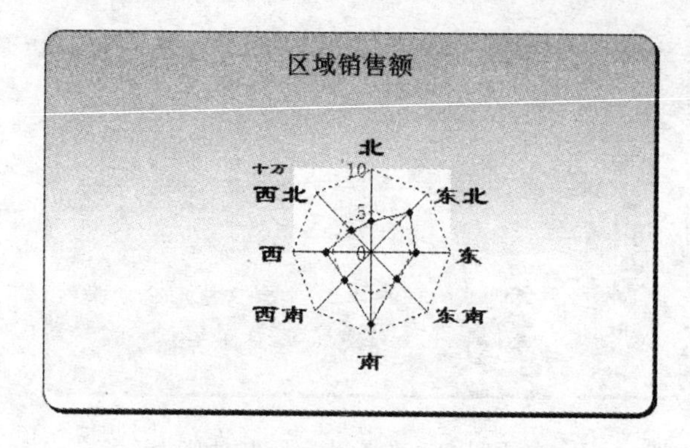


效果图 18 区域销售图

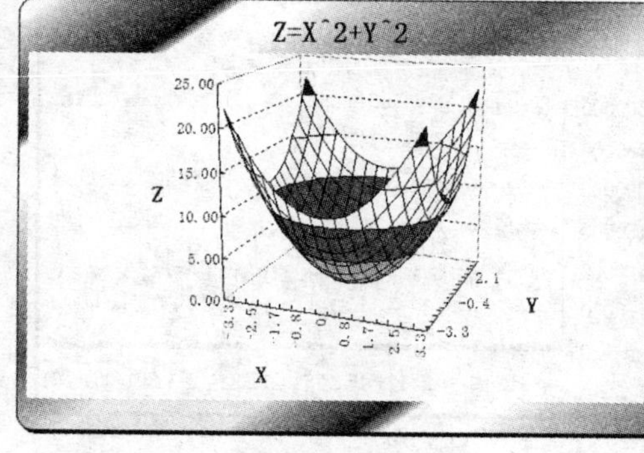


效果图 19 曲面图

（二）实践要求

1．打开文档 TB-1.xls，将该文件以同名保存到自己的文件夹中，按下列要求进行操作，结果如效果图 1 所示。

使用各个城市四个季度的销售数据，创建一个簇状柱形图。

2．打开文档 TB-2.xls，将该文件以文件名为“A6-2.xls”保存到自己的文件夹中。并按下列要求进行操作，结果如效果图 2 所示。

使用“预计支出”一列中的数据创建一个饼图。

3．打开文档 TB-3.xls，将该文件以文件名为“A6-7.xls”保存到自己的文件夹中。并按下列要求进行操作，结果如效果图 3 所示。

使用“优选干线”和“车流量”2 列中的数据创建一个分离型圆环图。

4．打开文档 TB-4.xls，将该文件以文件名为“A6-20.xls”保存到自己的文件夹中。并按下列要求进行操作，结果如效果图 4 所示。

使用“国家”和“占非洲土地的百分比”两列中的数据创建一个分离型饼图。

5．打开文档“TB-5.xls”工作簿，将该文件以文件名“图表.xls”保存到自己的文件夹中。

（1）选择“销量统计表.xls”，利用柱形图绘制销量图表。

（2）选择“销量进程表”工作表，利用柱形图绘制温度计式进程图。

（3）选择“代理商出货表”工作表，利用条形图创建代理商出货金额的图表。

（4）选择“C 产品满意程度对比图”工作表，利用条形图绘制产品接受群体的对比图。

（5）选择“项目时间进度 Gantt 图”工作表，利用条形图绘制项目时间进度 Gantt 图。

（6）选择“年销售趋图”工作表，利用折线图绘制一年的销售趋势图。

（7）选择“考核折线图”工作表，利用折线图在考核折线图中加上达标线。

（8）选择“广告效益图”工作表，利用 XY 散点图绘制广告效益图。

（9）选择“正弦函数”工作表，利用 XY 散点图绘制三角函数图。

**提示：**表中 X 列表示自变量，Y 列表示因变量，在 X 列输入间隔 0.2 的自变量的值，Y 列输入 SIN()函数，自变量使用它前面的 X 列相应的值。

（10）选择“多年支出比例图”工作表，利用圆环图绘制多年支出比例图。

（11）选择“K 线图”工作表，利用股份图绘制常规 K 线图。

（12）选择“气泡图”工作表，利用气泡图绘制常规销量比例图。

（13）选择“销量成分图”工作表，利用面积图图绘制销量成分图。

（14）选择“区域销售图”工作表，利用雷达图绘制区域销售图。

（15）选择“曲面图”工作表，利用曲面图绘制函数图。

**提示**：该数据表示 X 和 Y 分别在–3.3～3.3 中取值，对应的 Z 值也在工作表中，这里面绘制的是函数 $Z=X^2+Y^2$。

## 六、自我测试

### 企业产品采购、库存表的设计制作

#### （一）设计要求

“企业产品基本信息表”、“产品采购明细表”、“产品入库明细表”、“产品出库明细表”参见素材“企业产品采购、库存数据处理与分析”工作簿，要求如下：

1．产品采购数据计算

（1）计算各项产品的采购金额、入库金额、出库金额。

（2）统计总采购数量和总采购金额，平均采购数量、金额、最高采购数量、金额，最低采购数量、金额，最低采购数量、金额。

2．产品采购数据分析

（1）按产品采购类型来统计采购数量与金额。

（2）按产品采购供应商来统计采购数量与采购金额。

（3）根据产品采购类型来统计各供应商提供产品采购品种。

（4）根据产品采购类型来统计各供应商提供产品采购平均单价。

（5）分析各产品类型的采购数量占总采购数量的百分比。

（6）分析从各供应商处采购的金额占产品总采购金额的百分比。

（7）查看采购金额大于、小于或某个区间的采购记录，如查看“采购金额”大于或等于“3000”的采购记录。

3．产品入库数据处理与分析

（1）查看指定产品的入库情况，如查询“耐高温电线”的入库情况（筛选）。

（2）统计总的产品入库数量与总入库金额、平均入库数量、金额、最高入库数量、金额，最低入库数量、金额，最低入库数量、金额。

4．产品库存汇总分析

（1）建立“产品库存汇总表”，并设置表格格式。

“产品库存汇总表”由产品编号、产品名称、单位、期初库存、本期入库、本期出库、期末库存项组成，其中，期初库存、本期入库、本期出库、期末库存项需分别统计数量、单价、金额。

（2）输入“产品库存汇总表”相关信息。

（3）汇总本期入库数量（SUMIF）、入库单价（VLOOKUP），计算入库金额。

（4）汇总本期出库数量、出库单价，计算出库金额。

（5）计算期末产品库存数量，返回产品期末库存单价（VLOOKUP），计算产品期末库存金额。

（6）产品库存数量小于指定数量时以红灯报警，如当库存量“<=5”，以红灯报警；库存量“>=50”，以黄灯报警。

### （二）评价标准

| | 内　容 | | 评　价 | | | |
|---|---|---|---|---|---|---|
| | 学 习 目 标 | 评 价 项 目 | A | B | C | D |
| 职业能力 | 能使用电子报表软件 | 能录入和编辑数据 | | | | |
| | | 能设置工作表的格式 | | | | |
| | | 能保存文档 | | | | |
| | | 能进行页面设置 | | | | |
| | | 能进行打印 | | | | |
| | 能熟练处理一般数据 | 能使用智能填充 | | | | |
| | | 能使用单元格引用 | | | | |
| | | 能处理字符数据 | | | | |
| | | 能使用条件格式 | | | | |
| | | 能使用公式 | | | | |
| | 能使用函数处理数据 | 能应用函数 | | | | |
| | | 能进行数据排序 | | | | |
| | 能应用图表功能 | 能插入图表 | | | | |
| | | 能编辑图表 | | | | |
| | 能应用批注功能 | 能插入批注 | | | | |
| | | 能编辑批注 | | | | |
| | 能使用链接功能 | 能插入链接 | | | | |
| | | 能设置链接 | | | | |
| 综 合 评 价 | | | | | | |

**等级说明**

A：能高质、高效地完成此学习目标的全部内容，并能解决遇到的特殊问题，得分85～100分。

B：能高质、高效地完成此学习目标的全部内容，得分75～84分。

C：能圆满完成此学习目标的全部内容，不需任何帮助和指导，得分60～74分。

D：不能完成此学习目标的全部内容，得分0～60分。

综合评价为各项成绩的平均值。

## 七、教师测试

### 企业员工工资表的设计制作

### （一）设计要求

1．设计制作“员工工资表”。

工资表中的具体项目根据各企业的薪酬制度而定。假定员工的工资构成为：岗位工资、业绩奖金、住房补贴、伙食补贴、交通补贴、医疗补助、应发工资、住房公积金、养老保险、医疗保险、失业保险、个人所得税、考勤扣款、满勤奖、实发工资等项目。部分内容详解如下：

（1）员工基本信息如下：

员工基本工资一览表

| 编　号 | 姓　名 | 性　别 | 部　门 | 职　务 | 岗位工资 | 业绩奖金 | 基本工资合计 |
|---|---|---|---|---|---|---|---|
| 001 | 刘国华 | 男 | 办公室 | 经理 | 2000 | | |
| 002 | 陶小梅 | 女 | 办公室 | 经理 | 1500 | | |
| 003 | 李　婷 | 女 | 销售部 | 经理 | 1200 | | |
| 004 | 徐瑞年 | 男 | 销售部 | 职员 | 1400 | | |
| 005 | 吴明华 | 男 | 销售部 | 经理 | 1300 | | |
| 006 | 郭时节 | 男 | 后勤部 | 主管 | 1700 | | |
| 007 | 张琳琳 | 男 | 后勤部 | 职员 | 1000 | | |
| 008 | 吴莹莹 | 女 | 制造部 | 经理 | 1300 | | |
| 009 | 班海燕 | 女 | 制造部 | 职员 | 1600 | | |
| 010 | 方天浩 | 女 | 制造部 | 职员 | 1500 | | |
| 011 | 邓子建 | 男 | 制造部 | 主管 | 1300 | | |
| 012 | 陈华伟 | 男 | 制造部 | 职员 | 1300 | | |
| 013 | 杨　明 | 男 | 制造部 | 职员 | 1300 | | |
| 014 | 张铁明 | 男 | 制造部 | 经理 | 1300 | | |
| 015 | 谢桂芳 | 女 | 制造部 | 职员 | 1300 | | |
| 016 | 刘济东 | 男 | 制造部 | 职员 | 1300 | | |
| 017 | 廖时静 | 男 | 制造部 | 主管 | 1300 | | |
| 018 | 陈　果 | 女 | 制造部 | 职员 | 1300 | | |
| 019 | 赵　丹 | 女 | 制造部 | 职员 | 1300 | | |
| 020 | 赵小麦 | 女 | 制造部 | 职员 | 1300 | | |
| 021 | 高丽莉 | 女 | 制造部 | 职员 | 1300 | | |
| 022 | 刘文彬 | 男 | 制造部 | 职员 | 1300 | | |
| 023 | 范伟平 | 男 | 制造部 | 职员 | 1300 | | |

- 业绩工资标准：经理：1000；主管：700；职员：400。
- 基本工资合计=岗位工资+业绩工资

（2）员工福利待遇包括：住房补贴、伙食补贴、交通补贴和医疗补贴。其发放标准为：

- 职位："经理"，住房补贴：600；伙食补贴：400；交通补贴：200；医疗补贴：150。
- 职位："主管"，住房补贴：450；伙食补贴：260；交通补贴：150；医疗补贴：120。
- 职位："职员"，住房补贴：300；伙食补贴：150；交通补贴：80；医疗补贴：80。

（3）社会保险及住房公积金计算公式及扣缴比例为：

- 社会保险及住房公积金的计算公式为：（岗位工资+业绩工资）* 扣缴比例。
- 社会保险及住房公积金的扣缴比例分别如下表所示。

| 项　目 | 单　位 | 个　人 |
|---|---|---|
| 养老保险 | 20% | 8% |
| 医疗保险 | 10% | 2% |
| 失业保险 | 1.5% | 0.5% |
| 生育保险 | 0.8% | 0% |
| 工伤保险 | 1% | 0% |
| 住房公积金 | 10% | 10% |

（4）考勤统计参见素材，扣款标准如下表所示。

| 出 勤 情 况 | 每天扣款（元） |
|---|---|
| 全勤 | 0 |
| 病假 | 15 |
| 事假 | 30 |
| 旷工 | 60 |

（5）个人所得税计算方法及标准。在“员工工资结算单”工作表中，除了应扣除社会保险、考勤扣款、其他罚款外，还需要扣除个人所得税。按国家税法的要求，职工的工资所得需要交纳的个人所得税由企业在发放工资时予以扣除，代替上缴给国家税务机关。应纳税额是收入所得额在征税点以上部分按不同比例分段扣除，2008 年 3 月 1 日起，征税点为 2000 元。

① 应纳税所得额=收入所得额–个人所得税的起征点

=应发工资–(各项保险+公积金)–2000

② 应交个人所得税=应纳税所得额*适用税率–速算扣除数

③“应纳税”缴纳标准如下表所示。

**个人所得税缴纳标准**

| 起　征　点 | 2000 | | |
|---|---|---|---|
| 应税所得额 | =应发合计–起征点 | | |
| 级数 | 全月应纳税所得额 | 税率 | 速算扣除数 |
| 1 | 不超过 500 元的部分 | 5 | 0 |
| 2 | 超过 500～2000 元的部分 | 10 | 25 |
| 3 | 超过 2000～5000 元的部分 | 15 | 125 |
| 4 | 超过 5000～20000 元的部分 | 20 | 375 |
| 5 | 超过 20000～40000 元的部分 | 25 | 1375 |
| 6 | 超过 40000～60000 元的部分 | 30 | 3375 |
| 7 | 超过 60000～80000 元的部分 | 35 | 6375 |
| 8 | 超过 80000～100000 元的部分 | 40 | 10375 |
| 9 | 超过 100000 元的部分 | 45 | 15375 |

（6）实发工资=应发工资–应扣工资。

2．查询制造部的工资情况。

3．统计各部门各项费用金额。

4．统计各部门实发工资金额、平均工资金额。

5．用图表反映各项工资费用占工资总额的比例。

6．制作员工工资查询表：要求输入员工编号后，自动获得该员工的工资信息（选作）。

7．制作员工工资发放条（选作）。

### （二）评价标准

| | 内 容 | | 评 价 | | | |
|---|---|---|---|---|---|---|
| | 学 习 目 标 | 评 价 项 目 | A | B | C | D |
| 职业能力 | 能使用电子报表软件 | 能录入和编辑数据 | | | | |
| | | 能设置工作表的格式 | | | | |
| | | 能保存文档 | | | | |
| | | 能进行页面设置 | | | | |
| | | 能进行打印 | | | | |
| | 能熟练处理一般数据 | 能使用智能填充 | | | | |
| | | 能使用单元格引用 | | | | |
| | | 能处理字符数据 | | | | |
| | | 能使用条件格式 | | | | |
| | | 能使用公式 | | | | |
| | 能使用函数处理数据 | 能应用函数 | | | | |
| | | 能进行数据排序 | | | | |
| | 能应用图表功能 | 能插入图表 | | | | |
| | | 能编辑图表 | | | | |
| | 能应用批注功能 | 能插入批注 | | | | |
| | | 能编辑批注 | | | | |
| | 能使用链接功能 | 能插入链接 | | | | |
| | | 能设置链接 | | | | |
| 综 合 评 价 | | | | | | |

等级说明

A：能高质、高效地完成此学习目标的全部内容，并能解决遇到的特殊问题，得分 85～100 分。

B：能高质、高效地完成此学习目标的全部内容，得分 75～84 分。

C：能圆满完成此学习目标的全部内容，不需任何帮助和指导，得分 60～74 分。

D：不能完成此学习目标的全部内容，得分 0～60 分。

综合评价为各项成绩的平均值。

# 第五部分 PowerPoint 2007

## 一、单选题

1．在 PowerPoint 2007 中，默认生成的文件格式为_______。

A．pptx　　B．ppt　　C．txt　　D．docx

2．拖动鼠标复制幻灯片时，鼠标指针将变为_______形状。

A．　　B．　　C．　　D．

3．在“动画”下拉列表框中选择选项的时候，幻灯片将_______演示出当前选项的动画效果。

A．同步　　B．延后　　C．无法　　D．自定义

4．单击“自定义动画”任务窗格中的 自定义动画 按钮可以在_______的状态下播放当前的演示文稿。

A．预览　　B．全屏　　C．缩略　　D．自定义

5．在 PowerPoint 2007 中插入 Flash，选择_______选项卡。

A．开始　　B．插入　　C．视图　　D．开发工具

6．PowerPoint 2007 中最上方的一块是_______区域。

A．功能区　　B．浏览区　　C．演示区　　D．备注区

7．在功能栏中，通过_______选项卡可以进入母版编辑的功能。

A．开始　　B．插入　　C．视图　　D．设计

8．在选择 PowerPoint 2007 主题时，功能栏中会出现_______。

A．任务窗格　　B．功能区域　　C．样本区　　D．演示区

9．在插入选项卡中，单击_______按钮可以选择 PowerPoint 2007 自带的图片。

A．图片　　B．剪贴画　　C．相册　　D．形状

10．PowerPoint 2007 中最大的亮点是_______。

A．绘制 Excel 图表　　B．SmartArt 功能

C．自定义动画　　D．庞大的剪贴画图库

11．在 PowerPoint 2007 中自制动画飞入的路径是_______。

A．选择精勾动作路径　　B．插入 Flash

C．插入照片　　D．以上都不正确

12．在 PowerPoint 2007 中要实现页面跳转，运用_______方法。

A．插入视频　　B．插入 Flash　　C．插入超链接　　D．插入声音

13．要提前录制演讲内容，可以运用 PowerPoint 2007 的_______功能。

A．自带声音　　B．自行录制旁白　　C．插入超链接　　D．以上都不正确

14．在保存 PowerPoint 2007 文件的时候，最好保存成______格式。

A．PPT 放映　　B．PPT 2007　　C．PPT 97-2003　　D．以上都不正确

15．PowerPoint 2007 是 ______。

A．Windows XP 的组件之一　　B．Windows NT 的组件之一

C．Microsoft Office 2007 的组件之一　　D．一个独立的应用软件

16．PowerPoint 2007 主要是用来______。

A．制作多媒体动画软件一　　B．编制网页站点的软件

C．制作电子表格的软件　　D．制作电子文稿的软件

17．在 PowerPoint 中，添加新幻灯片的快捷键是______。

A．【Ctrl+H】　　B．【Ctrl+N】　　C．【Ctrl+M】　　D．【Ctrl+O】

18．在 PowerPoint 中，播放演示文稿的快捷键是______。

A．【Enter】　　B．【F5】　　C．【Alt+Enter】　　D．【F】

19．使用 PowerPoint 制作的幻灯片可以______。

A．在计算机屏幕上放映　　B．在投影仪上放映

C．打印成幻灯片使用　　D．以上三种均可以完成

20．演示文稿中的每一张演示的单页称为______，它是演示文稿的核心。

A．版式　　B．模板　　C．母版　　D．幻灯片

21．在 PowerPoint 中，“18”号字体比“8”号字体______。

A．大　　B．小　　C．有时大，有时小　　D．一样

22．下列视图方式中，不属于 PowerPoint 视图的是______。

A．普通视图　　B．备注页视图

C．幻灯片放映视图　　D．页面视图

23．在 PowerPoint 中可以使用文本框，关于文本框以下说法正确的是______。

A．文本框内文本的字体，字号必须一致

B．文本框内文本的字体必须一致，字号可以不同

C．文本框内文本的字体可以不同，字号必须一致

D．文本框内文本的字体、字号均可以不同

24．在字体对话框中______功能无法实现。

A．更改字体　　B．更改字形

C．更改字号　　D．更改字体背景颜色

25．改变字符的字体字号的步骤是______。

① 选择字体　　② 选定想要改变的字符　　③ 选择字号

A．①②③　　B．③②①

C．①③②　　D．②①③

26．用鼠标拖动插入的剪贴画时，同时按下______键，就会复制剪贴画。

A．【Ctrl】　　B．【Alt】

C．【Shift】　　D．【Ctrl+Alt】

27．要将一幅剪贴画和一个椭圆能够一起拖曳，以下操作不正确的是______。

A．将这两个对象组合在一起

B．按下【Shift】键不放，然后分别单击同时选中这两个对象

C．通过鼠标拖曳同时选定这两个对象

D．使这两个对象有相互交叉的地方

28．关于母版的修改，以下说法中正确的是_______。

A．母版不能修改　　B．编辑状态就可修改

C．进入母版编辑状态　　D．以上说法都不对

29．要使用幻灯片在放映时能够自动播放，需要为其设置_______。

A．超链接　　B．动作按钮

C．排练计时　　D．录制旁白

30．如果希望在放映时能从第 3 张幻灯片跳转到第 8 张幻灯片，需要在第 3 张幻灯片上设置_______。

A．动作按钮　　B．预设动画

C．幻灯片切换　　D．自定义动画

31．关于幻灯片中的动画效果，下列说法正确的是_______。

A．幻灯片中的每一个对象都只能使用相同的动画效果

B．各个对象的动画的出现顺序是固定的，不能随便调整

C．任何一个对象都可以使用不同的动画效果，各个对象都可以任意顺序出现

D．上面三种说法都不正确

32．在 PowerPoint 中，按【F5】键将在屏幕上看到_______。

A．从第一张幻灯片开始全屏幕放映所有的幻灯片

B．从当前幻灯片开始放映剩余的幻灯片

C．只是放映当前的一张幻灯片

D．按照幻灯片设置的时间放映全部幻灯片

33．在“自定义动画”的设置中，说法正确的是_______。

A．只能用鼠标来控制，不能用时间来设置控制

B．只能用时间来控制，不能用鼠标来设置控制

C．既能用鼠标来控制，也能用时间来设置控制

D．鼠标和时间都不能设置控制

34．在 PowerPoint 2007 中，如果需要在放映时从一个幻灯片淡入到下一个幻灯片，应使用_______进行设置。

A．动作按钮　　B．预设动画

C．幻灯片切换　　D．自定义动画

35．在一张幻灯片中，若对一幅图片及文本框设置成一致的动画显示效果时，则_______是正确的。

A．图片有动画效果，文本框没有动画效果

B．图片没有动画效果，文本框有动画效果

C．图片有动画效果，文本框也有动画效果

D．图片没有动画效果，文本框也没有动画效果

36．在幻灯片视图窗格中，在状态栏中出现了“幻灯片 2/7”的文字，则表示_______。

A．共有 7 张幻灯片，目前只编辑了 2 张

B．共有 7 张幻灯片，目前显示的是第 2 张

C．共编辑了七分之二张的幻灯片

D．共有 9 张幻灯片，目前显示的是第 2 张

37．以下说法错误的是_______。

A．可以在幻灯片放映时将鼠标指针永远隐藏起来

B．可以在幻灯片放映时将鼠标指针暂时隐藏起来，移动鼠标器后显示出来

C．可以在幻灯片放映时将鼠标指针改为铅笔形状

D．可以在幻灯片放映时将鼠标指针改为立方体形状

38．可以为一种元素设置_______动画效果。

A．一种　　B．不多于两种　　C．多种　　D．以上都不对

39．在 PowerPoint 2007 中，在幻灯片上绘制图形时，如果要用椭圆工具画出的图形为正圆形，应按住_______键。

A．【Shift】　　B．【Ctrl】　　C．【Alt】　　D．【Tab】

40．在“大纲”选项卡中，可以_______。

A．编辑文字　　B．删除幻灯片　　C．移动幻灯片　　D．以上都可以

41．关于幻灯片切换，说法正确的是_______。

A．可设置进入效果　　B．可设置切换音效

C．可用鼠标单击切换　　D．以上全对

42．关于组合图形，下列说法正确的是_______。

A．只能组合两个图形　　B．一旦组合不能拆开

C．组合后还能拆开　　D．都不正确

43．若要在每页打印纸上打印多张幻灯片，可在“打印内容”列表框中选择_______。

A．幻灯片　　B．讲义　　C．备注页　　D．大纲视图

44．在 PowerPoint 窗口中，用于添加幻灯片内容的主要区域是_______。

A．窗口左侧显示幻灯片缩略图的“幻灯片”选项卡　　B．备注窗格

C．窗口中间的幻灯片窗格　　D．大纲视图

45．添加新幻灯片时，首先应_______来选择它的版式。

A．在“开始”菜单上，单击“新建幻灯片”按钮的上半部分

B．在“开始”菜单上，单击箭头所在的“新建幻灯片”按钮的下半部分

C．用鼠标右键单击“幻灯片”选项卡上的幻灯片缩略图，然后单击“新建幻灯片”按钮

D．在“插入”选项卡上，单击“新幻灯片”按钮

46．可设置切换速度的选项不包括_______。

A．慢速　　B．匀速　　C．中速　　D．快速

47．在正文文本占位符中键入文本时，≑是_______按钮。

A．“粘贴选项”按钮

B．“自动调整选项”按钮，它表示文本将缩小以放入占位符中

C．“自动更正选项”按钮，使用它可以撤销自动更正

D．“拼写检查选项”按钮，自动检查拼写错误

48．快速将幻灯片的当前版式替换为其他版式的方式是______。

A．在“开始”选项卡上，单击“新建幻灯片”按钮的下半部分

B．在要替换其版式的幻灯片上单击鼠标右键，然后指向“版式”

C．在“幻灯片”选项卡上的幻灯片缩略图上单击鼠标右键，然后单击“新建幻灯片”按钮

D．在“插入”选项卡上，单击“新幻灯片”按钮

49．在“幻灯片放映”视图中，______可以返回到上一张幻灯片。

A．按【Backspace】键　B．按【Page Up】键　C．按向上键　D．以上全对

50．在功能区上的______位置可以找到插入声音文件的命令

A．“声音工具”→“选项”命令　B．“动画”→“动画”命令

C．“插入”→“媒体剪辑”命令　D．“插入”→“对象”命令

## 二、多选题

1．PowerPoint 2007 是一种能够制作集______为一体的多媒体演示或展示制作软件。

A．文字　B．图形　C．图像　D．声音　E．视频剪辑

2．要想退出 PowerPoint 2007，可以选择______。

A．快速双击窗口左上角的“Office 按钮”

B．按【Ctrl+W】组合键

C．单击窗口标题栏右上角的“关闭”按钮

D．选择“Office 按钮”下的“关闭”命令

3．PowerPoint 2007 下的视图有______等种类。

A．普通视图　B．Web 版式　C．页面视图　D．大纲视图

E．幻灯片浏览视图　F．幻灯片放映视图

4．PowerPoint 2007 的主界面窗口包括______。

A．功能区　B．滚动条　C．幻灯片窗格

D．幻灯片浏览视图　E．标题栏

5．以下有关幻灯片，正确的叙述是______。

A．用户在幻灯片中输入标题、正文之后，这些文字、段落的格式仅限于模板所指定的格式

B．在“幻灯片浏览”视图中不可以直接对幻灯片内容进行编辑

C．不可以制成 35mm 的幻灯片在幻灯机上播放

D．在“幻灯片浏览”视图下，所有幻灯片都会以缩小的图形在屏幕上显示

E．在“幻灯片浏览”视图中可以改变演示文稿的配色方案和背景

6．以下有关演示文稿的叙述，正确的是______。

A．演示文稿创建后，可以根据使用者设置的不同放映方式进行播放

B．在 PowerPoint 2007 演示文稿中，除了可以添加已有的声音之外，还可以添加自己录制的声音

C．演示文稿是用 PowerPoint 制作，以文件形式存储在磁盘上
D．在演示文稿中不可以包含备注页、讲义等内容
E．演示文稿由幻灯片组成
F．在展台浏览方式中，观众可以更改演示文稿

7．以下的叙述中，正确的是_______。
A．PowerPoint 2007 支持 OLE
B．PowerPoint 2007 支持剪贴板
C．PowerPoint 2007 支持 Active X 控件功能
D．PowerPoint 2007 支持网络功能

8．以下有关视图的作用，正确的说法有_______。
A．视图可以使用户从不同的角度来看自己所制作的幻灯片
B．视图是在建立或编辑演示文稿时的表示方式，它以不同的角度来辅助文稿的编辑
C．视图中包括 Web 版式视图和页面视图等
D．视图中包括普通视图、幻灯片浏览视图和备注页视图等
E．视图中包括幻灯片浏览视图和幻灯片放映视图

9．以下有关模板叙述，正确的是_______。
A．模板就是一组设计好的幻灯片画面
B．选择一个模板文件时，实际上是产生一个它的复制，但原文件将受到影响，这是它的一个重要的特点
C．用户可以自定义模板或在网上下载各种模板
D．选择了一个模板后，可以看见演示文稿中幻灯片的背景、文字格式、画面色彩等会相应跟着改变
E．它以.pot 作为扩展名

10．在“幻灯片浏览”视图中要移动或复制幻灯片，可以使用的方法为_______。
A．鼠标直接拖动
B．选择“编辑”→“剪贴”→“复制”→“粘贴”命令
C．使用快捷键【Ctrl+X】,【Ctrl+C】,【Ctrl+V】
D．使用“常用”工具栏的“剪贴”→“复制”→“粘贴”按钮
E．单击鼠标右键，在弹出的快捷菜单中选择相应的命令

11．PowerPoint 2007 中的图片可以来自_______。
A．剪贴画　　B．指定文件　　C．绘图仪　　D．扫描仪

12．通常所说的文字格式化是指_______。
A．加粗　　B．字体，字号　　C．填充颜色　　D．倾斜
E．边框线　　F．字体颜色　　G．下画线

13．PowerPoint 2007 “视图”选项卡中的“母版”包括_______。
A．幻灯片母版　　B．标题母版　　C．讲义母版　　D．备注母版

14．利用_______命令可对幻灯片的各个部分重新配色。
A．格式　　B．编辑　　C．幻灯片配色方案　　D．颜色

15．在默认情况下，幻灯片母版中有 5 个占位符，用来确定幻灯片母版的版式，包括

______。

A．页脚区　　B．日期区　　C．对象区　　D．标题区

E．状态区　　F．数字区

16．以下有关母版的作用，不正确的说法是______。

A．按住【Ctrl】键的同时单击“幻灯片视图”按钮，即可进入“幻灯片母版”的对话框

B．有幻灯片母版、标题幻灯片母版、讲义和备注母版

C．标题幻灯片母版控制的是演示文稿的第 1 张幻灯片

D．在幻灯片中若有标题母版，则还包括标题页

E．备注母版主要供演讲者备注使用空间，以及设置备注幻灯片的格式

17．在幻灯片放映时，如果想切换到下一张幻灯片，其操作方法有______。

A．单击鼠标左键　　B．按回车键　　C．按键盘【P】键

D．按键盘【N】键　　E．按方向键右　　F．按左方向键

18．PowerPoint 2007 可在演示文稿中插入______。

A．图片　　B．影片　　C．声音　　D．Word 表格　　E．Excel 表格

19．在 PowerPoint 2007 中，供用户直接来制作演示文稿的剪辑库分为______。

A．剪贴画　　B．图片　　C．声音　　D．影片

20．在设计幻灯片动画时，有______和______不同的动画设计。

A．幻灯片内对象　　B．幻灯片间　　C．幻灯片母版　　D．幻灯片翻转

21．在 PowerPoint 2007 中允许创建超链接的方式是______。

A．使用超链接命令创建跳转到其他文件或 Web 页的超链接

B．使用【Shift+F4】组合键

C．可以创建跳转到电子邮件地址的超链接

D．使用超链接命令创建本演示文稿内的跳转

E．使用动作按钮创建超链接

22．PowerPoint 2007 演示文稿的放映方式可以______。

A．演讲者放映　　B．观众自行浏览　　C．在展台浏览　　D．循环加旁白

## 三、填空题

1．PowerPoint 2007 是在______操作系统下运行的。

2．在 PowerPoint 2007 中，关闭演示文稿窗口时，可以利用双击演示文稿窗口左上角的______图标进行关闭。

3．幻灯片窗格中带有虚线或影线标记边框的框称为______。

4．在 PowerPoint 2007 中提供了左对齐、右对齐、居中对齐、______、______5 种对齐方式。

5．在幻灯片正在放映时，按【Esc】键，可以______。

6．在 PowerPoint 2007 的主窗口中，显示“幻灯片 2/7”，说明共有______张幻灯片，当前为第______张。

7．在“幻灯片浏览”视图中，用鼠标选中要删除的幻灯片再按______键，即可删除该幻灯片。

8．在 PowerPoint 2007 中，“填充效果”对话框由“渐变”、“__________”、“__________”和“图片”4个选项卡组成。

9．幻灯片的复制、移动与删除一般在__________视图下完成。

10．在 PowerPoint 2007 中，可以为文本、图形等对象设置动画效果，以突出重点或增加演示文稿的趣味性。设置动画效果可采用__________选项卡下的“自定义动画”命令。

11．单击 “矩形”按钮或“椭圆”按钮，按住__________键，则可以画出一个正方形或正圆。

12．PowerPoint 2007 中图形有 4 种叠放次序选项，它们是置于顶层、__________、__________、下移一层。

13．如果要在幻灯片浏览视图中选定若干张幻灯片，那么应先按住__________键，再分别单击每个幻灯片。

14．按__________键可切换到第一张幻灯片。

15．经过__________后的 PowerPoint 文稿，在任何一台 Windows 操作系统的机器中都可以正常放映。

16．按下功能键__________可执行幻灯片的放映。

17．组织结构图由一系列__________和连线组成，它显示一个机构的等级和__________。

18．执行“插入”选项卡下的__________命令，可添加组织结构图。

19．艺术字是 Office 中的一个内置工具，它以__________为基础，通过添加阴影、改变文字的大小和颜色把文字变成多种预定义的形状，突出和美化这些文字。

20．用 PowerPoint 制作的演示文稿，可以在计算机上播放，还可以在__________上发布。

## 四、判断题

(　　) 1．在 PowerPoint 中创建和编辑的单页文档称为幻灯片。

(　　) 2．如果在幻灯片母版中添加图形，则每张幻灯片上都会出现该图形。

(　　) 3．在 PowerPoint 2007 中创建的一个文档就是一张幻灯片。

(　　) 4．PowerPoint 2007 是 Windows 家族中的一员。

(　　) 5．设计制作电子演示文稿不是 PowerPoint 2007 的主要功能。

(　　) 6．演示文稿是用 PowerPoint 制作的产品，它以文件的形式存放在磁盘中。

(　　) 7．如果对已定义的版式不满意，只能重新创建新演示文稿，无法重新选择自动版式。

(　　) 8．要修改已创建超级链接的文本颜色，可以通过修改的配色方案来完成。

(　　) 9．幻灯片的复制、移动与删除一般在普通视图下完成。

(　　) 10．在浏览视图方式下是不能改变幻灯片内容的。

(　　) 11．视图是 PowerPoint 中加工演示文稿的工作环境。

(　　) 12．应用配色方案时只能应用于全部幻灯片，不能只应用于某一张幻灯片。

(　　) 13．演示文稿中的每张幻灯片都有一张备注页。

(　　) 14. 设置循环放映时，可以按【Esc】键终止放映。

(　　) 15. 没有安装 PowerPoint 应用程序的计算机页可以放映打包好的演示文稿。

(　　) 16. 对设置了排练时间的幻灯片，也可以手动控制其放映。

(　　) 17. 在空白幻灯片上即可输入文字。

(　　) 18. PowerPoint 的配色方案是专业美工人员精心调配的，用户不可以再进行修改。

(　　) 19. 使用某种模板后，演示文稿的所有幻灯片格式均相同，不能更改某张幻灯片的格式。

(　　) 20. 在 PowerPoint 中，要在版式给定义的文本占位符中输入文字，首先要删除占位符中的提示文字，然后输入文字。

(　　) 21. 在 PowerPoint 中，如果需要在占位符以外的其他位置增加标识或文字，可以使用文本框来实现。

(　　) 22. 在 PowerPoint 中，文本占位符包括标题、副标题和普通文本。

(　　) 23. PowerPoint 中的自动版式提供的正文文本往往带有项目符号，项目符号不可以取消。

(　　) 24. 超级链接的对象只能是某网页的网址。

(　　) 25. 只能在幻灯片浏览视图状态下才能对幻灯片进行排序。

(　　) 26. PowerPoint 2007 中可以处理的最大字号是初号。

(　　) 27. PowerPoint 2007 幻灯片中可以插入剪贴画、图片、声音、影片等信息。

(　　) 28. 制作好的幻灯片可以直接放映，也可以用打印机打印。

(　　) 29. 插入幻灯片的多媒体对象，不可以对其设置、控制播放方式。

(　　) 30. 要想在网上发布演示文稿，用户可以将制作好的演示文稿存为 Web 网页，并且在网络浏览器上发布。

## 五、实践应用

### 实 践 一

（一）效果图

效果图 1

效果图 2

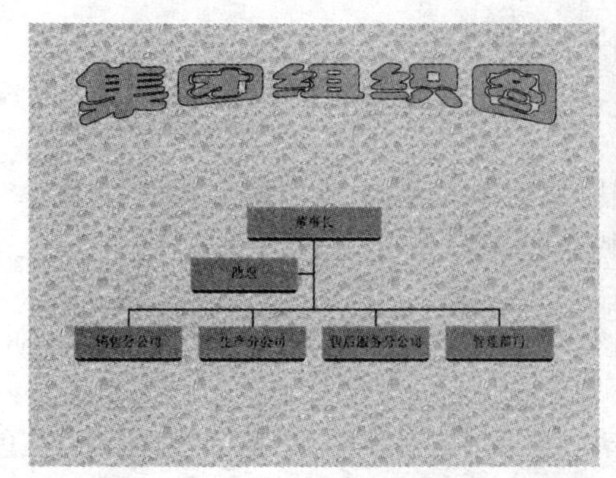


效果图 3

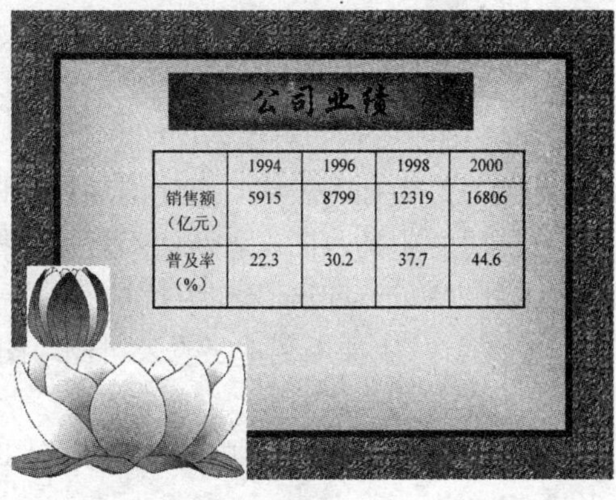


效果图 4

效果图 5

## （二）实践要求

参照素材文件夹中“集团简介.pptx”完成实践内容。

1．创建幻灯片，在幻灯片中输入文字、符号，运用幻灯片版式及模板制作幻灯片。

（1）创建如效果图 1 所示的幻灯片，要求：

- 选用素材文件夹中的“雪莲花开”模板，“标题幻灯片”版式。
- 在标题文本框中输入文字“你忠实的朋友”并插入图中符号，文字为隶书，60 号字，蓝色。
- 在正文文本框中输入文字“东兴集团”，96 号字，华文行楷，加粗。

（2）创建新幻灯片，并在幻灯片中插入图片及艺术字，如效果图 2 所示，要求如下：

- 新幻灯片选用空白幻灯片版式。
- 插入图片“Hawaii.jpg”，使其覆盖整个幻灯片。
- 插入艺术字“集团外景”，采用第 4 行、第 5 列艺术字格式，设置填充色为金黄，线条色为黄色。
- 将图片和艺术字组合起来。

2．设置幻灯片背景。打开“集团介绍”演示文稿，进行下列操作：

（1）新建一张幻灯片，将幻灯片背景更改为效果图 3 所示“水滴”式样。

（2）插入艺术字“集团组织图”。

（3）插入图中所示的组织结构图。

3．在幻灯片中插入表格。新建幻灯片，根据效果图 4 所示，在幻灯片中插入表格。

4．在幻灯片中插入图表。新建幻灯片，根据效果图 5 所示，进行下列操作：

（1）利用“Summer.jpg”作为背景。

（2）在幻灯片中插入艺术字“公司业绩图”，方正舒体，36 号字，加粗，八边形，阴影 13。

（3）用效果图 4 所示表格中的数据制作图表，坐标轴刻度为大红色字，坐标轴为紫红色，柱体形状 2。

5．浏览幻灯片。单击幻灯片浏览按钮，浏览幻灯片。

6．幻灯片次序更换。将第 3 张幻灯片与第 2 张幻灯片更换位置。

## 实 践 二

### （一）效果图

效果图 1

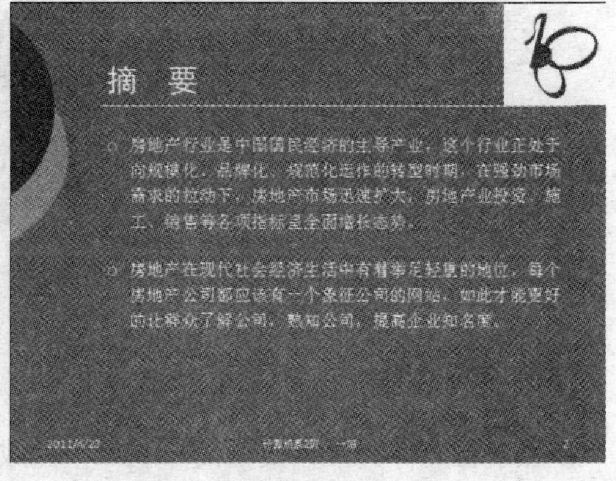


效果图 2

效果图 3

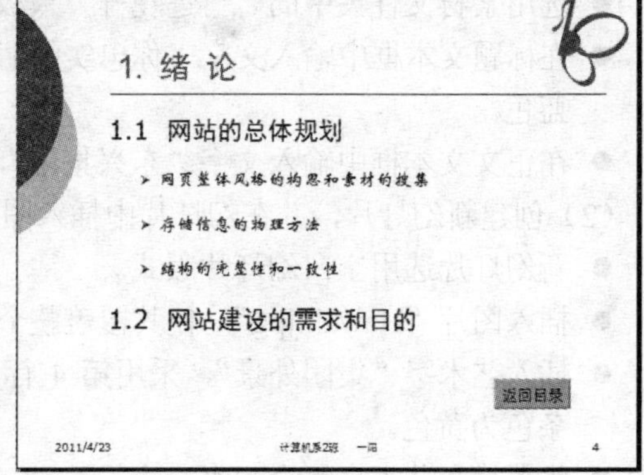


效果图 4

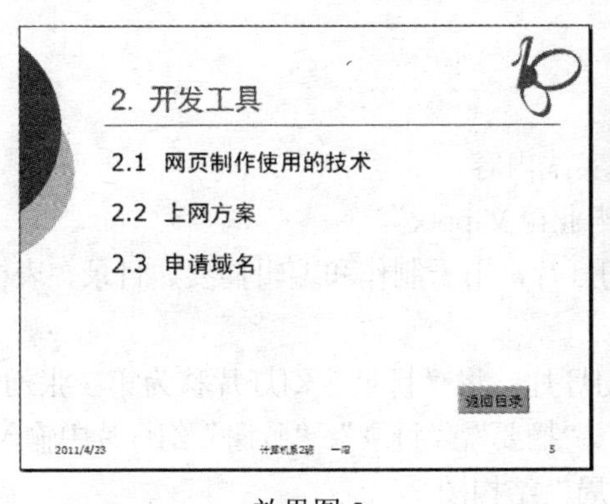


效果图 5

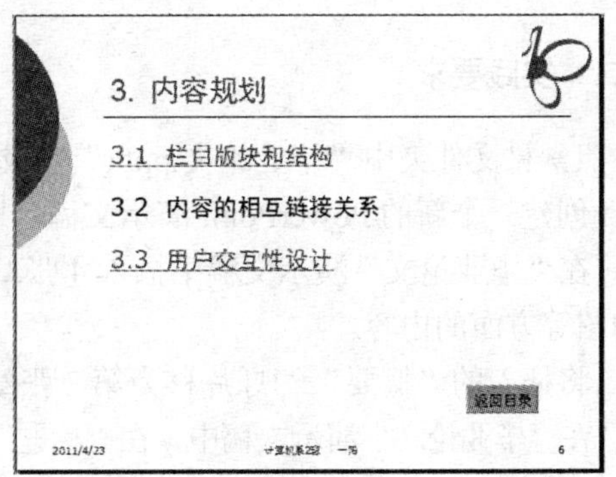


效果图 6

效果图 7

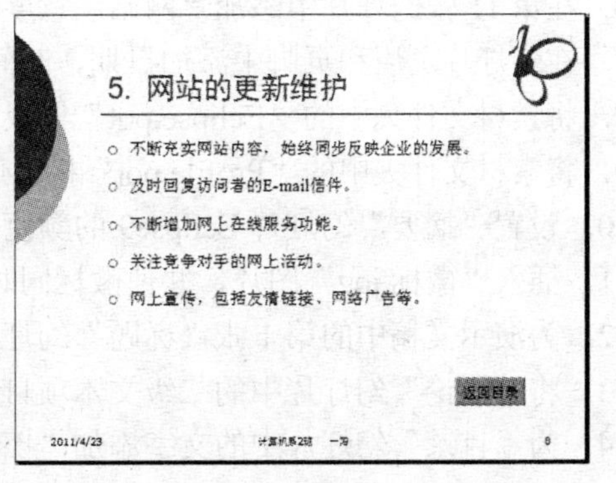


效果图 8

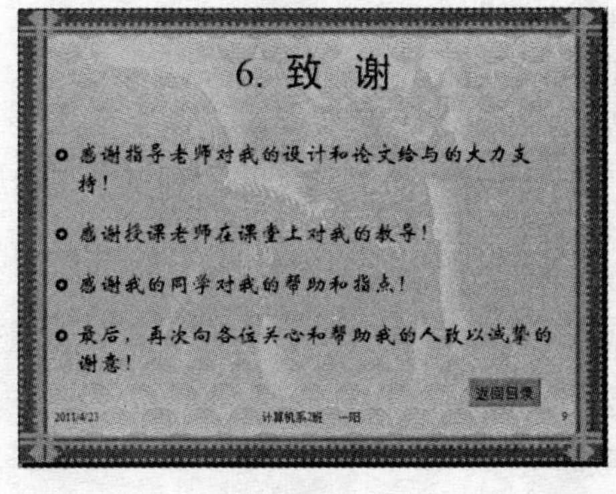


效果图 9

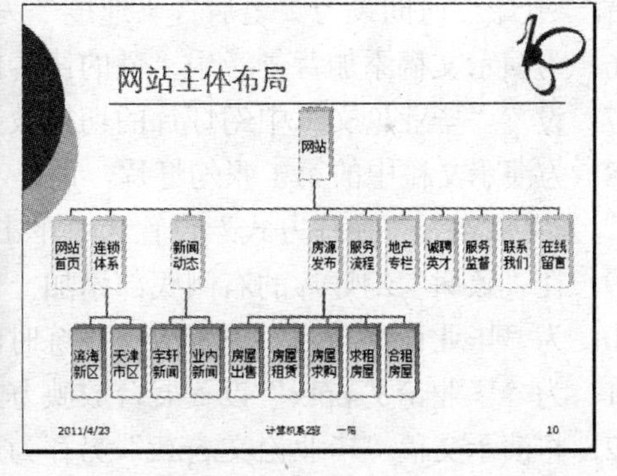


效果图 10

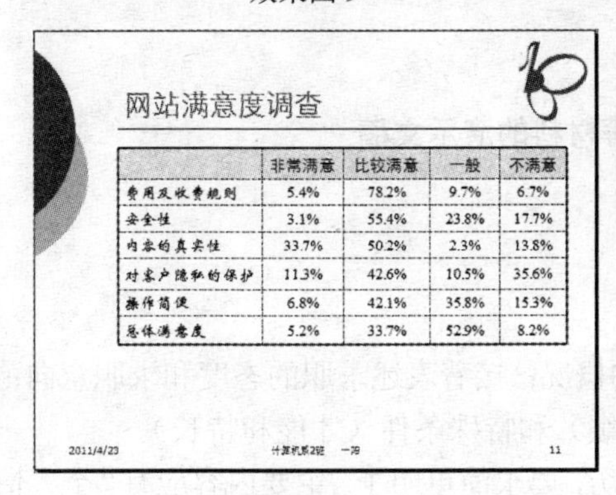


| | 非常满意 | 比较满意 | 一般 | 不满意 |
|---|---|---|---|---|
| 费用及收费规则 | 5.4% | 78.2% | 9.7% | 6.7% |
| 安全性 | 3.1% | 55.4% | 23.8% | 17.7% |
| 内容的真实性 | 33.7% | 50.2% | 2.3% | 13.8% |
| 对客户隐私的保护 | 11.3% | 42.6% | 10.5% | 35.6% |
| 操作简便 | 6.8% | 42.1% | 35.8% | 15.3% |
| 总体满意度 | 5.2% | 33.7% | 52.9% | 8.2% |

效果图 11

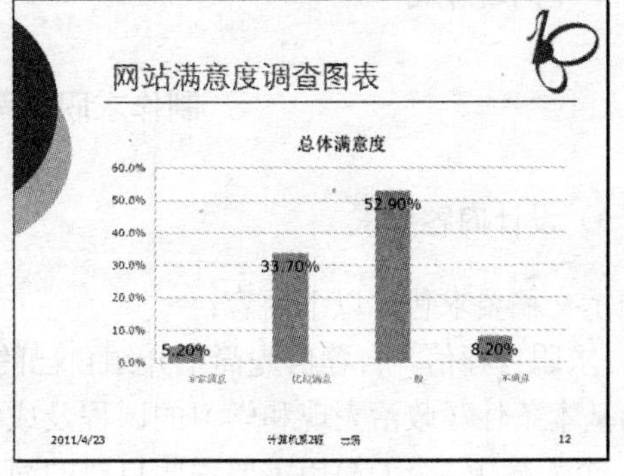


效果图 12

### （二）实践要求

参照素材文件夹中“毕业论文.pptx”完成实践内容。

1．创建一个新的 PowerPoint 演示文稿“毕业论文.pptx”。

2．在“毕业论文”演示文稿中插入 4 张幻灯片，用于制作和编辑摘要、目录、表格和组织结构图等方面的内容。

3．将插入的“摘要”幻灯片移为第 2 张幻灯片，将“目录”幻灯片移为第 3 张幻灯片。

4．在“毕业论文”演示文稿中，在“标题”、“摘要”、“目录”、“致谢”幻灯片中输入内容。

5．在第 10 张幻灯片中插入“网站主体布局”结构图。

6．在第 11 张幻灯片中添加“网站满意度调查”表格。

7．在幻灯片页眉和页脚中添加日期、时间和编号等信息。

8．将素材文件夹中的“Eclipse.pot”模板应用于所有幻灯片。

9．将素材文件夹中的“Profile.pot”模板应用于“目录”幻灯片。

10．设置“摘要”幻灯片 Eclipse9 的颜色。

11．插入“徽标.jpg”图片，并使徽标同时出现在使用“Eclipse.pot”模板的幻灯片中。

12．为演示文稿中的第 1 张“标题”幻灯片的背景插入一张图片“背景图片.jpg”。

13．将“绪论”幻灯片中的二级文本项目符号更换为➢。

14．为“目录”幻灯片中的文字添加“擦除”动画效果。

15．为第 1 张幻灯片自定义动画效果。将副标题自定义为“进入”中的“十字扩展”动画效果，“开始”时间设为“之后”，“速度”为“中速”。

16．为演示文稿添加背景音乐“爱的协奏曲.mp3”。

17．设置“毕业论文”中幻灯片的切换效果。

18．为演示文稿中的第 1 张幻灯片，设置“新闻快报”的切换效果，“速度”为“中速”，“声音”为“风声”，“换片方式”设置为“单击鼠标时”。

19．在“致谢”幻灯片的右侧底部添加一个动作按钮“返回目录”。

20．为“毕业论文.pptx”设置放映排练时间。

21．为“毕业论文.pptx”设置展台放映方式。

22．将演示文稿“毕业论文.pptx”另存为放映类型。

## 六、自我测试

### 制作求职自荐材料的演示文稿

### （一）设计内容要求

演示文稿要求包含以下内容：

1．求职自荐信。自荐信先简单介绍自己的概况；接着表述求职的态度和求职意向；展示求职的基本条件（政治表现和学习的课程及成绩）和特殊条件（才能和特长）。

2．个人简历。个人简历主要说明自己的简历，要求简单明了。主要内容应有“个人情况”，包括姓名、性别、出生年月、民族、政治面貌、籍贯、毕业学校、系别、主修专业、学历、学位、外语水平、计算机水平、毕业时间、身体状况、特长等；主要经历（从高中写起）；从事的社会工作、组织的活动、担任的职务；社会实践和生产实习；受奖励情况及取得的成绩等。表格右上方要贴上一张一寸近照。

3．辅助材料。辅助材料强调自己所取得的成绩和自己的能力。要求尽量完整。

（1）学习成绩单。学习成绩单是反映毕业生学习成绩的证明（要求使用表格形式）。

（2）各种证书。例如外语、计算机等级证书，各种荣誉证书，获奖学金及各类竞赛的证书或驾照等（要求使用图片格式）。

（3）参加社会实践和毕业实习的鉴定材料。

（4）有关科研成果证明及在报刊发表的文章。

4．联系方式。联系方式报刊通信地址、邮政编码、联系人、联系电话和电子邮件地址等。

### （二）设计形式要求

1．尽可能使用图片、图表、组织结构图。

2．在幻灯片母版中添加毕业学校和制作时间等信息。

3．使用超链接、动画效果、幻灯片切换等手段，以烘托播放效果。

### （三）设计篇幅要求

演示文稿应不少于 8 张幻灯片。

### （四）评价标准

| | 内　容 | | 评　价 | | | |
|---|---|---|---|---|---|---|
| | 学 习 目 标 | 评 价 项 目 | A | B | C | D |
| 职业能力 | 能使用演示文稿软件 | 能建立演示文稿 | | | | |
| | | 能编辑演示文稿 | | | | |
| | | 能保存演示文稿 | | | | |
| | | 能打印演示文稿 | | | | |
| | | 能使用主题、模板 | | | | |
| | 能使用动画功能 | 能设置动画 | | | | |
| | | 能使用自定义动画 | | | | |
| | 能使用多媒体素材 | 能使用音频/视频文件 | | | | |
| | | 能设置音频/视频播放 | | | | |
| | | 能录制旁白 | | | | |
| | 能制作不同结构的文稿 | 能设置动作按钮 | | | | |
| | | 能使用超级链接 | | | | |
| | | 能调用应用程序 | | | | |
| | 能正确设置放映方式 | 能播放预览 | | | | |
| | | 能切换页面模式 | | | | |
| | | 能设置排练计时 | | | | |
| | | 能设置循环播放 | | | | |
| | | 能修改自选图形与文本框 | | | | |
| 综合评价 | | | | | | |

等级说明

A：能高质、高效地完成此学习目标的全部内容，并能解决遇到的特殊问题，得分 85～100 分。

B：能高质、高效地完成此学习目标的全部内容，得分 75～84 分。

C：能圆满完成此学习目标的全部内容，不需任何帮助和指导，得分 60～74 分。

D：不能完成此学习目标的全部内容，得分 0～60 分。

综合评价为各项成绩的平均值。

## 七、教师测试

### 制作旅游公司的演示文稿

#### （一）设计内容要求

设计内容及其要求如下：

（1）封面页（要求使用艺术字，插入视频）。

（2）公司情况简介（要求标题和内容使用不同的字体和字号）。

（3）公司组织结构（要求使用组织结构图）。

（4）公司经典线路（要求图片）。

（5）公司经营业绩（要求使用图表）。

（6）公司服务理念（自由发挥）。

（7）联系方式说明（自由发挥）。

#### （二）设计形式要求

（1）在幻灯片母版中插入公司图标和制作时间等信息。

（2）使用超链接、动作按钮、动画效果、幻灯片切换等手段，以烘托播放效果。

#### （三）设计篇幅要求

演示文稿应不少于 10 张幻灯片。

#### （四）评价标准

| | 内　容 | | 评　价 | | | |
|---|---|---|---|---|---|---|
| | 学 习 目 标 | 评 价 项 目 | A | B | C | D |
| 职业能力 | 能使用演示文稿软件 | 能建立演示文稿 | | | | |
| | | 能编辑演示文稿 | | | | |
| | | 能保存演示文稿 | | | | |
| | | 能打印演示文稿 | | | | |
| | | 能使用主题、模板 | | | | |
| | 能使用动画功能 | 能设置动画 | | | | |
| | | 能使用自定义动画 | | | | |
| | 能使用多媒体素材 | 能使用音频/视频文件 | | | | |

续表

| | 内 容 | | 评 价 | | | |
|---|---|---|---|---|---|---|
| | 学 习 目 标 | 评 价 项 目 | A | B | C | D |
| 职业能力 | 能使用多媒体素材 | 能设置音频/视频播放 | | | | |
| | | 能录制旁白 | | | | |
| | 能制作不同结构的文稿 | 能设置动作按钮 | | | | |
| | | 能使用超级链接 | | | | |
| | | 能调用应用程序 | | | | |
| | 能正确设置放映方式 | 能播放预览 | | | | |
| | | 能切换页面模式 | | | | |
| | | 能设置排练计时 | | | | |
| | | 能设置循环播放 | | | | |
| | | 能修改自选图形与文本框 | | | | |
| 综合评价 | | | | | | |

等级说明

A：能高质、高效地完成此学习目标的全部内容，并能解决遇到的特殊问题，得分 85～100 分。

B：能高质、高效地完成此学习目标的全部内容，得分 75～84 分。

C：能圆满完成此学习目标的全部内容，不需任何帮助和指导，得分 60～74 分。

D：不能完成此学习目标的全部内容，得分 0～60 分。

综合评价为各项成绩的平均值。

# 参考答案

## 第一部分　操作系统资源管理

### 一、单选题

1. B　2. C　3. C　4. A　5. B　6. C　7. A　8. D　9. A
10. D　11. A　12. A　13. C　14. D　15. B　16. C　17. B　18. D
19. A　20. C　21. D　22. B　23. C　24. B　25. D　26. B　27. D
28. C　29. A　30. B　31. B　32. C　33. D　34. B　35. B　36. A
37. C　38. B　39. B　40. C　41. D　42. B　43. B　44. A　45. B
46. C　47. B　48. D　49. D　50. A　51. D　52. C　53. B　54. B
55. C　56. D　57. A　58. D　59. C　60. A　61. A　62. D　63. A
64. B　65. C　66. B　67. A　68. B　69. C　70. C　71. A　72. B
73. B　74. D　75. D　76. B　77. B　78. C　79. A　80. A　81. B
82. C　83. D　84. C　85. A　86. D　87. A　88. B　89. B　90. D
91. D　92. A　93. C　94. D　95. C　96. B　97. C　98. A　99. C
100. D

### 二、多选题

1. A　B　C　D　2. A　C　D　3. B　E
4. A　B　C　D　E　5. A　D　6. B　D
7. A　B　D　8. A　B　D　9. A　C　D
10. A　B　C　11. A　B　12. A　B　C
13. A　B　14. A　C　15. A　B　C
16. A　C　17. A　C　D　E　F　18. A　B　C　D
19. A　B　C　D　20. A　B　C　D　21. C　D
22. A　C

### 三、填空题

1. CPU　2. 语言处理程序
3. Alt+Tab　4. Alt+F4
5. 程序窗口　文件夹窗口　对话框窗口　6. 下拉式菜单　快捷菜单

7. 回收站
8. 分类视图　经典视图
9. 层叠　横向平铺　活动窗口　非活动窗口
10. 任务栏
11. 排列图标
12. 目录　子文件夹和文件　树形
13. “编辑”→“撤销删除”　回收站　文件　还原
14. 移动　复制
15. PrintScreen
16. Alt+PrintScreen
17. 按钮　图标
18. 右　属性
19. 右　资源管理器
20. 工具　文件夹选项　查看
21. 查看
22. 复选
23. 单选
24. Ctrl+空格　Shift+空格　Ctrl+.（小数点）
25. 回车 Esc
26. 组织 层次
27. Ctrl+Esc
28. 添加硬件
29. 系统　控制
30. 控制面板
31. txt
32. 只读　隐藏　存档
33. 回收站
34. 还原所有项目
35. Ctrl
36. 双击
37. 复制　粘贴
38. 外观
39. 控制面板
40. Ctrl+X　Ctrl+C　Ctrl+V
41. 对齐　缩进
42. 剪贴板
43. 该项已被选中
44. 该文件已经展开
45. 文件树型结构　选中
46. 计算机～1. DOC
47. ?　*
48. B*. txt
49. Ctrl+A
50. 磁盘碎片整理

**四、判断题**

1. √　2. √　3. √　4. ×　5. √　6. √　7. ×　8. ×　9. √
10. √　11. √　12. √　13. ×　14. √　15. √　16. ×　17. ×　18. ×
19. ×　20. ×　21. ×　22. √　23. ×　24. ×　25. ×　26. √　27. √
28. √　29. √　30. √　31. √　32. ×　33. ×　34. ×　35. √　36. ×
37. ×　38. ×　39. √　40. √　41. ×

## 第二部分　网上冲浪

**一、单选题**

1 B　2 D　3 D　4 A　5 C　6 B　7 A　8 C　9 B
10 B　11 A　12 A　13 D　14 C　15 D　16 D　17 D　18 D
19 C　20 B　21 B　22 D　23 B　24 C　25 A　26 B　27 C
28 C　29 D　30 B　31 B　32 D　33 B　34 D　35 C　36 B

37 B　38 A　39 B　40 A　41 A　42 B　43 A　44 B　45 C
46 D　47 A　48 A　49 D　50 A　51 C　52 B　53 B　54 C
55 C　56 C　57 D　58 D　59 D　60 C　61 B　62 A　63 A
64 C　65 A　66 B　67 D　68 D　69 C　70 A　71 C　72 B
73 D　74 C　75 A　76 C　77 A　78 D　79 B　80 B　81 A
82 D　83 C　84 A　85 C　77 B　87 D　88 B　89 B　90 D

## 二、多选题

1 A B C　　2 A B C D　　3 A B C D
4 A B C　　5 A B C D　　6 A B C D
7 A B C　　8 A B C　　9 B D
10 A B C D　　11 A D　　12 A B C D
13 A B C　　14 B C　　15 A B C
16 A C D　　17 A B C D　　18 A C D
19 A B C　　20 A B C　　21 A B C D
22 A B D　　23 A B C D

## 三、填空题

1. 主机名.单位名.机构.国别
2. 中国
3. 4 个、网络号、主机号
4. URL（或统一资源定位地址）
5. 并（行）口通信
6. 模拟信号、数字信号
7. 网络拓扑、传输介质、介质访问控制方法
8. 20 世纪 60 年代（或 1969 年）
9. 中国公用网 CHINANET、中国科技网 CSTNET、中国教育网 CERNET、中国联通网 UNINET、中国金桥网 CHINAGBN
10. 通过局域网直接连接、通过电话线连接
11. 500m、10Mb/s、50m、10Mb/s
12. 50Ω
13. 协议
14. 传输、应用
15. 计算机网络体系结构
16. 物理层、数据链路层
17. OSI 参考模型
18. TCP/IP
19. 传输控制协议（TCP）、网际协议（IP）
20. IP 地址
21. 域名系统（DNS）
22. 文件传输服务
23. 转发邮件
24. 简单邮件传输协议（SMTP）
25. 抄送、主题
26. 附件
27. 撰写一个新邮件
28. 复信/回信
29. 资源共享和数据传送
30. 资源子网、通信子网
31. 硬件资源、软件资源、数据资源
32. 点到点式网络、广播式网络
33. 广域网、城域网、局域网
34. 带宽方式
35. 共享式、交换式
36. 星状拓扑
37. 多模光纤、单模光纤、细光纤（尾纤）
38. HTML、HTTP

39．客户-服务器　　40．客户
41．超文本　　42．电子邮件、文件传输、远程登录
43．WWW 浏览器　　44．添加到收藏夹
45．手形　　46．超链接
47．导航文字或图标

四、判断题

| | | | | | | | | | | | | | | | | | |
|---|---|---|---|---|---|---|---|---|---|---|---|---|---|---|---|---|---|
| 1 | × | 2 | × | 3 | √ | 4 | × | 5 | √ | 6 | √ | 7 | √ | 8 | √ | 9 | √ |
| 10 | × | 11 | × | 12 | √ | 13 | × | 14 | √ | 15 | √ | 16 | × | 17 | × | 18 | × |
| 19 | √ | 20 | √ | 21 | √ | 22 | × | 23 | × | 24 | √ | 25 | √ | 26 | √ | 27 | × |

## 第三部分　文字处理

一、单选题

| | | | | | | | | |
|---|---|---|---|---|---|---|---|---|
| 1. A | 2. B | 3. B | 4. D | 5. B | 6. D | 7. D | 8. C | 9. B |
| 10. A | 11. B | 12. C | 13. B | 14. A | 15. A | 16. C | 17. B | 18. C |
| 19. D | 20. D | 21. B | 22. D | 23. C | 24. B | 25. A | 26. B | 27. D |
| 28. A | 29. C | 30. D | 31. D | 32. A | 33. C | 34. C | 35. D | 36. C |
| 37. C | 38. D | 39. C | 40. A | 41. B | 42. A | 43. A | 44. D | 45. D |
| 46. D | 47. A | 48. C | 49. C | 50. A | 51. A | 52. B | 53. C | 54. B |
| 55. D | 56. A | 57. D | 58. C | 59. A | 60. C | 61. D | 62. A | 63. C |
| 64. D | 65. D | 66. A | 67. D | 68. D | 69. C | 70. A | 71. B | 72. A |
| 73. C | 74. B | 75. D | 76. C | 77. C | 78. B | 79. C | 80. B | 81. C |
| 82. C | 83. D | 84. C | 85. A | 86. C | 87. B | 88. C | 89. A | 90. B |
| 91. D | 92. D | 93. C | 94. A | 95. B | 96. A | 97. A | 98. B | 99. C |
| 100. D | | | | | | | | |

二、多选题

1. A　B　C　D　E　　2. A　B　C　D
3. A　C　E　F　　4. A　F　G
5. A　B　D　E　F　　6. A　B　D
7. B　C　D　　8. A　D　E　F　G
9. A　D　E　G　　10. A　B　C
11. C　D　E　　12. A　B　C
13. A　B　D　　14. A　C
15. A　B　E　　16. B　C　D
17. A　C　　18. A　E　F
19. A　D　　20. A　C
21. A　B　C　D　E　　22. A　C

23. C　D
24. C　E
25. B　D
26. A　B　D
27. A　B　C
28. A　C　D
29. A　B　D
30. B　C　D
31. A　D　E
32. A　D　E
33. A　B　C　D　E
34. A　B　C　D　E　F

### 三、填空题

1. DOCX
2. 选定
3. 查找　替换
4. 单元格
5. 页面视图
6. 功能区最小化
7. Office
8. 工具
9. 插入
10. 对象
11. 审阅
12. 另存为
13. 插入点
14. 剪贴板
15. 分页符　分节符
16. 首行缩进　悬挂缩进
17. 页面视图
18. 快捷 功能区最小化
19. 新建　新建空白文档
20. 选定区
21. 页面
22. 插入
23. 双击
24. 页面布局
25. 双击
26. 段落结束标记
27. 分隔符
28. 样式
29. 文本框
30. 冲蚀
31. 橡皮形状　选定
32. 布局
33. 布局　排序
34. 排序　计算
35. 排序
36. 拆分表格
37. 拖曳
38. “表样式”
39. 插图→图片
40. 选定

### 四、判断题

1. √　2. √　3. ×　4. ×　5. ×　6. √　7. √　8. ×　9. √
10. √　11. ×　12. ×　13. ×　14. ×　15. √　16. ×　17. √　18. √
19. ×　20. √

## 第四部分　表格处理

### 一、单选题

1 C　2 B　3 C　4 D　5 C　6 A　7 B　8 D　9 C
10 B　11 D　12 D　13 A　14 B　15 A　16 C　17 C　18 A

19 A 20 A 21 D 22 A 23 C 24 B 25 C 26 A 27 C
28 B 29 A 30 A 31 D 32 C 33 D 34 C 35 D 36 A
37 B 38 A 39 A 40 B 41 B 42 B 43 D 44 D 45 B
46 C 47 B 48 D 49 A 50 B 51 B 52 D 53 D 54 A
55 C 56 B 57 C 58 A 59 B 60 D 61 C 62 B 63 C
64 D 65 C 66 C 67 B 68 C 69 D 70 A 71 A 72 D
73 D 74 D 75 A 76 B 77 C 78 D 79 A 80 A 81 A和B
82 D 83 B 84 D 85 C 86 C 87 D 88 B 89 B 90 A

## 二、多选题

1 A C D
2 A C D
3 A B C D
4 A B C D
5 A B C
6 A B C D
7 B D E
8 A B D
9 B C D
10 A B C D E
11 A B C
12 A B C
13 A B C
14 B C D
15 A B C D E
16 A B C D
17 A B C D
18 A B C
19 A B C D
20 A B C
21 A B C F H
22 A B C
23 A B C D
24 A B C D
25 A B C
26 A B C D
27 A B C D
28 A B D

## 三、填空题

1. 工作簿
2. 单元格
3. 32 000
4. 16
5. 有简单规律性的
6. 编辑
7. 重命名
8. Ctrl+C
9. 半角冒号
10. 1
11. .xls
12. 表格标题居中
13. 滚动
14. Ctrl
15. 窗格拆分条
16. 右键
17. 单击工作表左上角的全选按钮
18. 格式
19. 1
20. 255
21. 31
22. 工作表标签
23. 编辑栏
24. 操作按钮
25. 左对齐、右对齐、居中
26. 拖动鼠标、菜单命令
27. ＝
28. 算术运算符、字符连接符、关系运算符
29. 空格
30. 023.79
31. 不能
32. 取消按钮、输入按钮、插入函数按钮
33. 等号
34. 没影响

35．有影响
36．纵向、横向
37．.xls
38．工作表
39．左上角
40．图表向导
41．Ctrl+PageUp、Ctrl+PageDwon
42．Ctrl
43．撤销、Ctrl+Z
44．不是
45．求和
46．$A$1+$A$4+$B$4
47．插入函数
48．大小
49．蓝
50．自动筛选、高级筛选
51．任意多个字符
52．3
53．主要关键字、次要关键字、第三关键字

## 四、判断题

| | | | | | | | | | | | | | | | | | |
|---|---|---|---|---|---|---|---|---|---|---|---|---|---|---|---|---|---|
| 1 | × | 2 | × | 3 | √ | 4 | × | 5 | √ | 6 | √ | 7 | √ | 8 | × | 9 | √ |
| 10 | √ | 11 | × | 12 | × | 13 | × | 14 | √ | 15 | √ | 16 | √ | 17 | √ | 18 | √ |
| 19 | × | 20 | √ | 21 | √ | 22 | × | 23 | √ | 24 | × | 25 | √ | 26 | × | 27 | √ |
| 28 | √ | 29 | × | 30 | × | 31 | × | 32 | √ | 33 | √ | 34 | × | 35 | √ | 36 | × |
| 37 | √ | 38 | √ | 39 | × | 40 | × | 41 | √ | 42 | √ | 43 | √ | 44 | √ | 45 | √ |
| 46 | √ | 47 | × | 48 | × | 49 | √ | 50 | √ | 51 | √ | 52 | √ | 53 | √ | 54 | √ |
| 55 | × | 56 | × | 57 | √ | 58 | × | 59 | √ | 60 | × | 61 | √ | 62 | √ | 63 | √ |

# 第五部分　PowerPoint 2007

## 一、单选题

| | | | | | | | | |
|---|---|---|---|---|---|---|---|---|
| 1.A | 2.C | 3.A | 4.A | 5.B | 6.A | 7.C | 8.B | 9.B |
| 10.B | 11.A | 12.C | 13.B | 14.C | 15.C | 16.D | 17.C | 18.B |
| 19.D | 20.D | 21.A | 22.D | 23.D | 24.D | 25.D | 26.A | 27.D |
| 28.C | 29.C | 30.A | 31.C | 32.B | 33.C | 34.C | 35.C | 36.B |
| 37.D | 38.C | 39.A | 40.D | 41.D | 42.C | 43.B | 44.C | 45.B |
| 46.B | 47.B | 48.A | 49.D | 50.C | | | | |

## 二、多选题

1　A　B　C　D　E
2　A　B　C　D
3　A　D　E　F
4　A　B　C　D　E
5　A　B　D　E
6　A　B　C　E
7　A　B　C　D
8　A　B　D　E
9　A　C　D　E
10　A　B　C　D　E
11　A　B　D
12　A　B　D　F　G
13　A　C　D
14　A　C
15　A　B　C　D　F
16　A　D
17　A　B　D　E
18　A　B　C　D　E
19　A　B　C　D
20　A　B
21　A　C　D　E
22　A　B　C　D

## 三、填空题

1．Windows
2．Office 按钮
3．占位符
4．两端对齐、分散对齐
5．结束放映
6．7、2
7．Delete
8．纹理、图案
9．幻灯片浏览
10．动画
11．Shift
12．置于底层、上移一层
13．Ctrl
14．Home
15．打包
16．F5
17．图形、成员
18．SmartArt
19．文字
20．Internet

## 四、判断题

| | | | | | | | | | | | | | | | | | |
|---|---|---|---|---|---|---|---|---|---|---|---|---|---|---|---|---|---|
| 1 | √ | 2 | √ | 3 | × | 4 | × | 5 | × | 6 | √ | 7 | × | 8 | √ | 9 | × |
| 10 | × | 11 | √ | 12 | × | 13 | √ | 14 | √ | 15 | √ | 16 | √ | 17 | × | 18 | × |
| 19 | × | 20 | × | 21 | √ | 22 | √ | 23 | × | 24 | × | 25 | × | 26 | × | 27 | √ |
| 28 | √ | 29 | × | 30 | √ | | | | | | | | | | | | |

# 反侵权盗版声明



举报电话：（010）88254396；（010）88258888

传　　真：（010）88254397

E-mail：dbqq@phei.com.cn

通信地址：北京市海淀区万寿路 173 信箱

电子工业出版社总编办公室

邮　　编：100036